U0307167

湖北省学术著作出版专项资金资助项目

新材料科学与技术丛书

钢铁热浸镀铝

赵晓勇　著

武汉理工大学出版社

·武　汉·

内 容 提 要

　　钢铁热浸镀铝从技术探索研究到产品开发应用经历了较长时间。当前,钢铁热浸镀铝技术日渐成熟,应用日趋广泛,使用热浸镀铝材料的经济和社会效益日益显著。

　　本书系统地介绍了钢铁热浸镀铝的技术方法、生产工艺、质量检验、产品应用、失效分析、性能试验等方面的知识、技术和案例,较广泛地汇聚了全国相关科研院所和企业的相关科研成果和实践经验,也是作者43年来的技术总结和工作记录。

　　本书可为金属材料及热处理工程技术人员及工人提供应用指导,可作为大中专院校相关专业师生的教学参考用书,可供钢铁热浸镀铝相关科研人员进行深入研究参考。

图书在版编目(CIP) 数据

钢铁热浸镀铝/赵晓勇著.—武汉:武汉理工大学出版社,2019.3
ISBN 978-7-5629-5787-4

Ⅰ.①钢…　Ⅱ.①赵…　Ⅲ.①钢-热浸铝　Ⅳ.①TG174.443

中国版本图书馆 CIP 数据核字(2018)第 270873 号

项目负责人:李兰英		责任编辑:雷红娟	
责 任 校 对:张莉娟		封面设计:匠心文化	
出 版 发 行:武汉理工大学出版社		邮　编:430070	
网　址:http://www.wutp.com.cn		经　销:各地新华书店	
印　刷:荆州市鸿盛印务有限公司		开　本:710 mm×1000 mm　1/16	
印　张:14		插　页:2	
字　数:188 千字			
版　次:2019 年 3 月第 1 版			
印　次:2019 年 3 月第 1 次印刷			
定　价:79.00 元			

前　　言

　　热浸镀铝，又称为热浸铝、热镀铝、液体渗铝。热浸镀铝是钢铁表面保护和强化手段之一，也是钢铁表面渗金属的化学热处理方法之一。

　　表面覆盖有热浸镀铝层的材料称为热浸镀铝材料。热浸镀铝材料具有良好的耐热、耐腐蚀性能，特别是耐含硫含碳烟气、硫化氢、海水和大气腐蚀性能优良。普通碳素钢、低合金钢进行表面热浸镀铝处理后，可大大延长高温、腐蚀条件下的使用寿命，在一定范围内可以代替耐热钢、不锈钢使用，具有较高的使用价值和经济效益。

　　热浸镀铝材料分为浸渍型热浸镀铝材料和扩散型热浸镀铝材料。浸渍型热浸镀铝材料表面具有良好的耐腐蚀性能；扩散型热浸镀铝材料表面具有良好的耐热、耐腐蚀性能。

　　一些先进的工业国家在热浸镀铝工艺、材料性能、产品生产与应用等方面做了大量的研究与推广工作。德国于 1931 年开始进行热浸镀铝材料的耐热性能研究；美国于 1943 年开始中试生产，1946 年形成生产能力；1972 年，美国材料与试验协会（American Society for Testing and Materials）发布标准《铁制品上的热浸镀铝层技术规范》（ASTM A676 Standard Specification for Hot-Dipped Aluminum Coatings on Ferrous Articles），大力推动了热浸镀铝研究和生产活动广泛开展；英、德两国在 20 世纪 50 年代建立大规模生产线；日本于 20 世纪 60 年代进行大规模生产。

　　我国从 20 世纪 50 年代开始进行热浸镀铝试验研究、试生产以及产品推广应用，70 年代建立了生产线，80 年代开发了热浸镀铝钢焊条并开展了焊接性能试验，热浸镀铝产品现已推广应用到石油、电力、化工、冶金、建筑、公路建设、汽车制造等行业。武汉材料保护研究所、湖北云梦化工机械厂、中国科学院力学研究所、电力部西安热工研究所、冶金部钢铁研究总院、石油部沈阳设备研究所、上海冶金研究院、上海机械制造工艺研究所、上海钢管厂、武昌电厂、武汉钢铁公司、华中科技大学、武汉科技大学、武汉化工学院、北京钢铁学院、东北工学院、昆明工学院、武汉钢铁研究所、鞍钢钢铁研究所、天津钢铁研究所、洛阳炼油设计院、长沙矿冶研究院、石家庄热处理工艺研究所、石家庄建筑材料研究所、黑龙江省机械研究所、大庆石油化工总厂、重庆市大足县渗铝厂、四川豆坝电厂、陕西宝鸡电厂、山西太原二电厂、江苏谏壁电厂、株洲电厂、胜利油田炼油厂、长岭炼油厂、南京化学工业公司氮肥厂、大冶钢铁厂、鄂城钢铁厂、湘潭钢厂、上海焦化厂、衡阳冶金机械厂、冶金部冷水江机械厂等单位（以上单位都采用当时的名称）为我国早期热浸镀铝技术、工艺、生产和产品推广应用做出了重要贡献。

为了提高热浸镀铝生产水平，可靠地控制产品质量，进一步加强产品推广应用，1989 年，由武汉材料保护研究所、湖北云梦化工机械厂共同制定了国家专业标准——ZB J36 011《钢铁热浸铝工艺及质量检验》，标准主要起草人为赵晓勇、杨开任；1999 年，该标准修订为机械行业标准——JB/T 9206《钢铁热浸铝工艺及质量检验》，标准主要起草人为赵晓勇、吴勇；2001 年，由武汉材料保护研究所、湖北云梦化工机械厂、中国科学院力学研究所共同修订并提升为国家标准——GB/T 18592《金属覆盖层钢铁制品热浸镀铝技术条件》，标准主要起草人为赵晓勇、吴勇、夏原。全国热处理标准化技术委员会、全国热处理学会、冶金部钢铁研究总院、上海钢铁研究所、上海机械制造工艺研究所、武汉化工学院、山东工业大学、第725 研究所青岛试验站、武钢机械总厂、武汉石油化工厂、武汉液压机械厂、南京汽车制造厂、重庆市大足县渗铝厂、辽宁省铁岭市镀铝钢材厂等单位为标准审定提供了宝贵意见，做出了重要贡献。

GB/T 18592 标准结合我国国情，在参照国外先进标准的基础上,通过大量的试验、检验、研究、生产实践、推广应用等方面的工作,确定了热浸镀铝工艺规范和产品质量技术指标。

GB/T 18592 标准有三个发明创新点和两个技术创新点。三个发明创新点分别是在国内外首次提出了"扩散型热浸镀铝层孔隙级别显微镜评定法""扩散型热浸镀铝层裂纹级别显微镜评定法""扩散型热浸镀铝层与基体金属界面类型评定法",突破性地解决了热浸镀铝层质量控制难题。两个技术创新点分别是"优化了热浸镀铝扩散处理工艺方法,有利于在保障产品质量的前提下节能降耗""优化了热浸镀铝层显微镜测厚方法,规范了检测方法和质量评价"。

2000 年 10 月 31 日—11 月 3 日,在全国金属与非金属覆盖层标准化技术委员会及其电镀与精饰分委会、涂装分委会、腐蚀试验分委会、离子沉积分委会联合大会上,笔者作为标准起草人代表作了大会发言,以介绍 GB/T 18592 标准内容为切入点,介绍了技术标准与技术进步、企业进步的关系。大会会议纪要载明,"标准起草人代表赵晓勇同志从自身的工作感受及长期参加标准制定工作的经历,令人信服地说明了标准化工作在企业进步中的作用。"

GB/T 18592 标准实施以后达到了四个目的:

a. 为生产厂提供了能满足标准质量要求的合理的热浸镀铝工艺方法和产品质量检验方法;

b. 为热浸镀铝产品提供了能满足使用要求的可靠的质量指标;

c. 为生产厂与用户之间建立了明确的、统一的热浸镀铝产品验收依据;

d. 促进了热浸镀铝科研、生产以及推广应用工作不断深入发展。

标准研究的对象是产品(或方法)的大多数,标准研究的问题是带共性的问题。

本书是 GB/T 18592 标准的补充与延伸。本书依据技术试验、生产实践和应用检验,除了介绍钢铁制品热浸镀铝工艺与质量检验方法之外,还介绍了热浸镀铝非正常工艺、产品使用失效及焊接接头金相组织分析等方面的图谱、图表以及研究性成果和应用型成果。

本书在 GB/T 18592 标准技术基础上编入最新的研究成果,主要有:

a. 较全面、系统地介绍了钢铁热浸镀铝层(包括浸渍型热浸镀铝层和扩散型热浸镀铝层)显微组织特征与性能。

b. 介绍了浸渍型热浸镀铝层表面铝覆盖层外表面的氧化铝薄膜现象,分析了其形成原因并以图片方式介绍了其显微组织形态。

c. 介绍了浸渍型热浸镀铝层中铝覆盖层与铝-铁合金(Fe_2Al_5)层之间的两相过渡区现象,分析了其形成原因并以图片方式介绍了其显微组织形态。

d. 介绍了热浸镀铝层形成与失效过程中铝原子在铁基金属(钢铁基体)中的三次扩散现象。第一次扩散是指热浸镀铝处理工艺过程中的扩散,其结果是在浸渍型热浸镀铝层中形成单一的铝-铁合金(Fe_2Al_5)层;第二次扩散是指扩散处理工艺过程中的扩散,其结果是形成扩散型热浸镀铝层[多种铝-铁合金(Fe_mAl_n)+多种固溶体层];第三次扩散是指高温使用环境中的扩散,其结果是导致扩散型热浸镀铝层厚度逐渐增加的同时铝浓度逐渐降低,直至失去抗高温氧化功能,失去对铁基金属(钢铁基体)的保护作用。正确认识扩散型热浸镀铝层厚度增加与铝浓度降低的关系,预留使用环境中第三次扩散空间,对于降低热浸镀铝生产成本,延长扩散型热浸镀铝产品使用寿命非常重要。

e. 介绍了热浸镀铝材料耐高温、耐腐蚀性能的系列试验数据,介绍了热浸镀铝材料高温失效和腐蚀失效的案例及渐进性演变过程。

本书共分为 10 章,包括:钢铁热浸镀铝工艺、热浸镀铝质量检验、各类钢铁热浸镀铝层显微组织、20 钢热浸镀铝层显微组织、热浸镀铝层孔隙及其特征、热浸镀铝层裂纹及其特征、热浸镀铝层与基体金属界面特征、热浸镀铝材料焊接组织与性能、热浸镀铝材料失效分析、热浸镀铝容器失效与保护。

本书收入 6 个附录。附录 1、附录 2、附录 3 分别为 GB/T 18592 标准附录 B、C、D，分别用于扩散型热浸镀铝层孔隙、裂纹、界面类型评定；附录 4 介绍了钢铁热浸镀铝工艺及质量检验应用案例；附录 5 所介绍的内容与热浸镀铝容器保护相关；附录 6 所介绍的内容与热浸镀铝前处理设备防护和产品金相检验技术相关。

武汉材料保护研究所李瑞菊、杨思齐、胡以正、杨开任、郦振声、周福堂、陈道清、李文亮、易人泉、左志翘、叶杨祥、何邵新、孟锡明、刘君立、汤泽义、秦玉志、关井泉、李和凯、吴勇等，湖北云梦化工机械厂张永强、戴振福、陈瑞、曹洪斌等，北京机电研究所贾洪艳、莫志雄、刘迶等，武汉理工大学肖常模等，华中科技大学杨继林等，西安热工研究所钱垂喜、李学江、李自力、蔡志刚等，钢铁研究总院刘邦津等，湖北省机械研究所贺德汉等，中国科学院力学研究所夏原等知名专家，为本书的撰写从历史和现实角度给予了指导与帮助；华中师范大学易紫兰、李俊义等，武汉理工大学肖常模、黄承智、沈豫立等，华中科技大学崔昆、张以增、孙尧卿等知名学者引导笔者步入金属化学分析、金属材料及热处理专业，在此表示衷心感谢！

衷心感谢武汉理工大学教授肖常模、武汉材料保护研究所高级工程师李瑞菊对本书的技术性指导，感谢全国热处理标准化技术委员会原秘书长、《金属热处理标准应用手册》统稿人、北京机电研究所高级工程师贾洪艳对本书技术性审稿，感谢武汉理工大学出版社李兰英和雷红娟同志对本书文字性审稿。

感谢正风图文和匠心文化为创新排版方式、提高排版质量付出了辛勤劳动。

敬请读者指正书中错误并提出意见和建议。

赵晓勇

hbwhzxy@sina.com

2019 年 1 月

目　　录

图 目 录

表 目 录

绪　　论

将钢铁工件浸入熔融铝液中并保温一定时间,使铝(及其他附加元素)覆盖并渗入钢铁表面,获得热浸镀铝层的工艺方法称为钢铁热浸镀铝。

钢铁热浸镀铝,归类于金属表面合金化处理,兼用化学和物理方法改变金属表面化学成分和组织结构。钢铁热浸镀铝,利用化学热处理方法,促进铝、铁原子间相互扩散与化合,在钢铁表面形成铝-铁合金层,从而达到提高钢铁表面耐热和耐腐蚀性能的目的。

钢铁热浸镀铝原理大致可理解为四个过程:

a. 高温激活铝液中的铝原子(渗入元素);

b. 活性铝原子吸附并覆盖钢铁(基体金属)表面;

c. 活性铝原子扩散并渗入钢铁(基体金属)表面形成固溶体;

d. 固溶体过饱和后形成金属化合物(铝-铁合金)。

热浸镀铝工艺分为热浸镀铝处理和扩散处理两个阶段:热浸镀铝处理(一步法),在钢铁表面形成浸渍型热浸镀铝层;热浸镀铝处理＋扩散处理(两步法),在钢铁表面形成扩散型热浸镀铝层。在热浸镀铝处理之后,增加扩散处理,目的在于促进浸渍型热浸镀铝层转变为扩散型热浸镀铝层,进一步增强表面热稳定性能、耐高温腐蚀性能及耐摩擦磨损性能。

扩散是活性铝原子渗入基体金属的主要方式,在热浸镀铝处理和扩散处理两个阶段都产生扩散。在热浸镀铝处理阶段产生的扩散称为一次扩散,其结果是在基体金属表面形成铝覆盖层的同时形成铝-铁合金层(一次扩散层);在扩散处理阶段产生的扩散称为二次扩散,其形式是在一次扩散的基础上进行二次扩散,其结果是在促进表面铝覆盖层转化为铝-铁合金层的同时,进一步延展一次扩散层,形成更厚的铝-铁合金层(一次扩散层＋二次扩散层)。

关于铝原子在基体金属中扩散的机理研究较多,一般认为,铝原子向基体金属扩散分为两个过程:第一个过程,铝原子扩散进入基体金属晶格(α-Fe、γ-Fe)形成固溶体,即所谓的"固溶式扩散";第二个过程,当扩散进入的铝原子超过在基体金属的固溶极限时,形成铝铁化合物,即所谓的"反应式扩散"。

在热浸镀铝处理阶段,扩散在铝液中进行,是铝浓度上升型扩散,"铝源"即活性铝原子充分,固溶式扩散之后的反应式扩散可以持续进行,优先形成的铝-铁化合物(Fe_2Al_5)可以持续长大(实验得出 Fe_2Al_5 相层最大厚度可达 1.5 mm),而铝铁化合物(Fe_2Al_5)层下无固溶体层[1],见绪图 2 和图 10.2。

在扩散处理阶段,扩散在空气介质中进行,是铝浓度下降型扩散,因为"铝源"即活性铝原子有限,所以固溶式扩散之后的反应式扩散也受限,在反应式扩散[形成铝铁化合物(Fe_mAl_n)]之后,再次出现固溶式扩散,最终形成含铝的固溶体不能转变为铝铁化合物(Fe_mAl_n),在扩散终止后保留在渗层中。金相分析表明,室温条件下,扩散型热浸镀铝层中保留有 α、β_1(Fe_3Al)、β_2($FeAl$)等固溶体,见绪图 3 和图 3.26。

关于扩散动力学研究,现象类分析的论点有多种,规律性分析的权威表达方式为费克(Fick)方程式:[2]

$$P = -D\frac{dc}{dx}$$

表明,在稳定扩散的条件下,单位时间内通过垂直于扩散方向的单位截面的扩散物质量(又称扩散物质穿透率或扩散通量)与该物质在该截面处的浓度梯度成正比。

钢铁热浸镀铝工艺过程中,表面铝浓度梯度 $\dfrac{dc}{dx}$ 越大,铝原子向基体金属扩散速度越快。

　　钢铁热浸镀铝工艺过程中,在热浸镀铝处理阶段,表现为"液态-固态"和"固态-固态"双重扩散。因为工艺温度在铝的熔点以上、在钢铁熔点以下,铝液与钢铁表面之间的扩散,表现为液态-固态扩散;铝原子渗入钢铁基体后进一步扩散,表现为"固态-固态"扩散。

　　钢铁热浸镀铝工艺过程中,在扩散处理阶段,铝原子在钢铁表面和钢铁基体中都表现为"固态-固态"扩散。在钢铁表面,铝原子以"固态-固态"扩散方式渗入钢铁基体;在钢铁基体中,渗入的铝原子以"固态-固态"扩散方式由表及里进一步扩散。

　　扩散过程的进行有赖于溶质金属能否充分地供给溶剂金属表面,因为热浸镀铝处理阶段活性铝原子能够持续不断地充分供给基体金属表面,所以,与扩散处理阶段相比,热浸镀铝处理阶段的扩散效率更高。

　　铝原子扩散进入铁基金属受基体金属的晶体结构影响。同一温度条件下,铝原子在原子密集系数较小的 α-Fe(体心立方晶格/原子密集系数为 0.68)中扩散比在原子密集系数相对较大的 γ-Fe(面心立方晶格/原子密集系数为 0.74)中扩散更快。联系铁铝平衡图[1]、铁碳平衡图[3]和 GB/T 18592 标准[4]分析可知,钢铁热浸镀铝温度一般选定在铁的居里温度(770 ℃)或 A1 线(727 ℃)附近,热浸镀纯铝温度一般选取在 700～780 ℃,热浸镀铝硅温度一般选取在 680～740 ℃。在这样的温度条件下,基体金属的晶体结构或处于较稳定的 α-Fe 状态或处于由 α-Fe 向 γ-Fe 转变的亚稳定状态。当基体金属处于较稳定的 α-Fe 状态时,有利于活性铝原子快速扩散渗入;当基体金属处于由 α-Fe 向 γ-Fe 转变的亚稳定状态时,晶格中易产生空位,当空位形成或空位移动时,有利于活性铝原子渗入,有人称之为"随之填入"。[2]

　　已有资料表明,扩散过程有赖于溶剂金属的晶格不完整状态,换而言之,基体金属晶格不完整状态有利于活性原子扩散渗入。[2]

　　上述两种晶体结构状态都有利于活性铝原子扩散渗入基体

金属。

　　铝原子在基体金属内部的扩散,还与基体金属表面铝浓度、扩散温度及扩散时间等因素相关。当基体金属表面铝浓度一定时,扩散速度取决于扩散温度;当扩散温度一定时,扩散速度取决于基体金属表面铝浓度。实验表明:铝原子在基体金属中的扩散速度与扩散温度呈正相关,与基体金属含碳量呈负相关,而硅、锌等元素一定程度上抑制了铝原子在基体金属中的扩散,导致形成的含硅、锌元素的铝-铁合金层较薄。

　　热浸镀铝层可按处理方式分类或按覆层材料分类,分别见绪图1和绪表1。

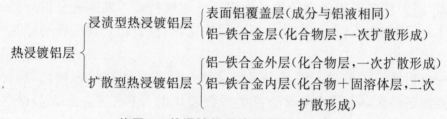

绪图 1　热浸镀铝层按处理方式分类

绪表 1　热浸镀铝层按覆层材料分类

GB/T 18592[4]	ASTM A 676[5]	JIS H 8642[6]
铝层(Al)	铝层(Al)	熔融铝 1 种(HDA1)
铝-硅合金层(Al-Si)	铝-硅合金层(Al-Si)	熔融铝 2 种(HDA2)
—	铝-锰合金层(Al-Mn)	熔融铝 3 种(HDA3)

　　热浸镀铝层金相组织形态见绪图2和绪图3。

　　绪图2为T8钢浸渍型热浸镀铝层金相组织。浸渍型热浸镀铝层包括铝覆盖层(外层)+铝-铁合金层(内层/一次扩散层)。从图中显微硬度试验(由表及里依次为742.8HV、771.8HV、781.9HV、153.1HV、154.0HV)留下的印痕可以看出,与基体金属相比,铝-铁合金层硬度明显提高。

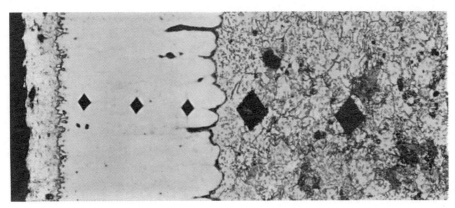

铝覆盖层　　　　　铝-铁合金层　　　　　　　基体金属
(外层)　　　　　(内层/一次扩散形成)

绪图 2　T8 钢浸渍型热浸镀铝层金相组织(150×)

　　绪图 3 为 T8 钢扩散型热浸镀铝层金相组织。扩散型热浸镀铝层包括铝-铁合金外层(有孔隙层,一次扩散层转变形成)＋铝-铁合金内层(无或少孔隙层,二次扩散形成)。扩散型热浸镀铝层与基体金属界面有界面线,界面线后有贫碳层,贫碳层后是正常的金属基体组织。

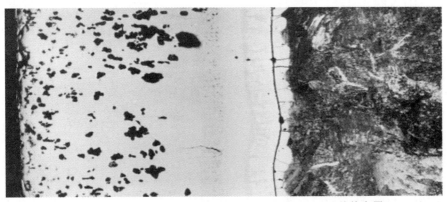

外层　　　　　　　　内层　　　　界贫　　　　基体金属
(有孔隙层/一次扩散层转变形成)　(二次扩散形成)　面碳
　　　　　　　　　　　　　　　　线层
铝-铁合金层(由表面至界面线)

绪图 3　T8 钢扩散型热浸镀铝层金相组织(100×)

扩散型热浸镀铝层与浸渍型热浸镀铝层显微组织对比,有四大变化:

① 表面铝覆盖层消失;

② 铝-铁合金层由一层转变为两层(铝-铁合金外层和铝-铁合金内层);

③ 化合物相由一种(Fe_2Al_5)转变为多种(Fe_mAl_n);

④ 增加了铝-铁合金内层(化合物＋固溶体相层)。

热浸镀铝材料包括浸渍型热浸镀铝材料(表面覆盖有浸渍型热浸镀铝层的钢铁材料)和扩散型热浸镀铝材料(表面覆盖有扩散型热浸镀铝层的钢铁材料)。热浸镀铝材料通过在钢铁表面形成铝-铁合金"外壳",改善表面保护性能,提高使用寿命。浸渍型和扩散型热浸镀铝材料都具有良好的抗硫类、氨类、烟气类、水煤气、海洋大气等介质腐蚀性能。浸渍型热浸镀铝材料可在 600 ℃以下热环境及上述腐蚀环境中长期使用,扩散型热浸镀铝材料可在 850 ℃以下热环境及上述腐蚀环境中长期使用,与浸渍型热浸镀铝材料相比,扩散型热浸镀铝材料表面热稳定性能、耐高温腐蚀性能及耐摩擦磨损性能更好。

随着热浸镀铝工艺技术不断进步,热浸镀铝产品质量不断提高,热浸镀铝材料应用也日益广泛,逐步拓展到石油、化工、电力、建材、机械、冶金、造船等行业和领域。

1 钢铁热浸镀铝工艺

热浸镀铝是液体法渗铝,与固体法渗铝(粉末冶金渗铝)、气体法渗铝(气相沉积渗铝)、料浆法渗铝、热喷涂法渗铝,以及电泳扩散法渗铝、真空镀膜扩散法渗铝、高频感应加热法渗铝、熔融盐电解法渗铝等相比,具有表面覆盖层致密性好、合金层铝浓度高、大小工件都能处理、生产效率高、综合成本低等特点,应用范围比较广泛。

钢铁热浸镀铝工艺分为浸渍型热浸镀铝工艺(又称为热浸铝)和扩散型热浸镀铝工艺(又称为浸渗铝)。

浸渍型热浸镀铝工艺,即热浸镀铝处理(一步法),目的是在钢铁表面获得浸渍型热浸镀铝层。

扩散型热浸镀铝工艺,即热浸镀铝处理+扩散处理(两步法),目的是在钢铁表面获得扩散型热浸镀铝层。

为了保证热浸镀铝产品质量,必须保证所用材料品质符合相关技术标准,工艺方法符合相关技术规范。

1.1 热浸镀铝用材料的质量要求

1.1.1 热浸镀铝用铝锭

热浸镀铝生产用铝一般选用重熔用铝锭,一般要求铝含量不小于 99.5%,选材时,可按照 GB/T 1196《重熔用铝锭》[7] 选用 Al99.85、Al99.80、Al99.70、Al99.60、Al99.50、Al99.7E、Al99.6E 级铝锭。

1.1.2　热浸镀铝用钢铁材料

1. 热浸镀铝制品的基体材料（钢和铁）应根据使用要求来选取，且必须符合相应的国标或部标的规定，在热浸镀铝处理前进行试验验收。

2. 试验项目一般检测化学成分、力学性能、金相组织、焊缝质量、规格尺寸，以及有无宏观缺陷。特殊检测要求特别约定。

3. 应重视热浸镀铝工艺对基体金属性能的影响，例如，正常的热浸镀铝处理＋扩散处理（扩散退火）后，钢件抗拉强度一般下降5％左右。如需保持抗拉强度不降低，需特别约定并选择特殊的扩散处理工艺，如"扩散正火"等处理工艺。

1.1.3　热浸镀铝覆层材料

热浸镀铝覆层材料主体元素为铝（Al），其他伴随 Al 元素，以多元共渗方式加入的元素有 Si、Zn、Mn、Sb、Pb、Ti 以及稀土元素等。

热浸镀铝覆层材料应用较多的是铝（Al）涂层和铝-硅（Al-Si）复合涂层，本章以此为重点论述。其他热浸镀铝覆层材料应用较少或不够普遍。例如，我国研究过 Al-Zn-Si 复合涂层（应用于低温腐蚀环境）；美国研究过 Al-Sb-Pb-Zn 复合涂层（应用于潮湿环境）；罗马尼亚研究过 Al-Zn 复合涂层（应用于海洋大气腐蚀环境）；英国研究过 Al-Ti 复合涂层（应用于船舶，耐海水腐蚀）等。

1.2　热浸镀铝工艺流程

1.2.1　浸渍型热浸镀铝工艺流程

脱脂→除锈→助镀→热浸镀铝→校正→清理→检验。

1.2.2 扩散型热浸镀铝工艺流程

脱脂→除锈→助镀→热浸镀铝→校正→清理→检验→扩散处理→校正→清理→检验。

1.3 热浸镀铝前处理方法

1.3.1 脱脂

脱脂种类及方法见表 1.1。

表 1.1 脱脂种类及方法

序号	脱脂种类	脱 脂 方 法
1	加热脱脂	将工件置于 350~500 ℃温度条件下加热除油脱脂
2	碱液清洗脱脂	根据生产批量、工件的几何形状、污染程度等因素确定碱液配方、浓度、温度等参数
3	有机溶剂清洗脱脂	可自行配制或选用市售清洗剂、石油类清洗剂,在室温条件下清洗脱脂

注:有机溶剂清洗脱脂只适用于小批量生产,应特别注意阻燃。

1.3.2 除锈

除锈种类及方法见表 1.2。

表 1.2　除锈种类及方法

序号	除锈种类	除锈方法	备　注
1	机械除锈	采用喷砂或手工打磨等方法除去工件表面锈迹、氧化皮及腐蚀产物	
2	化学除锈	采用硫酸、盐酸、磷酸等酸液除去工件表面锈迹、氧化皮及腐蚀产物	酸液中应添加适量缓蚀剂,酸洗后应进行中和及水洗

注:为保护环境,在大批量生产时应当采用机械除锈。

1.3.3　助镀

助镀是影响热浸镀铝质量的关键工序。经过除油、除锈并清洗干净的工件浸入铝液之前必须进行表面助镀处理。主要助镀种类及方法见表 1.3。

表 1.3　主要助镀种类及方法

序号	助镀种类	助镀方法	优点	缺点
1	水溶液法(氧化膜法)	将工件置于助镀液中浸渍一段时间,取出后水洗并干燥(≤100 ℃),在工件表面形成较薄且致密的氧化膜,保护经过酸洗后的钢铁表面洁净;进入高温铝液后,其氧化膜能迅速脱去,露出钢铁活性表面,以利于活性铝原子吸附并渗入,形成铝覆盖层和铝-铁合金层。水溶液法(氧化膜法)应严格控制助镀液的成分、温度和浓度	工艺设备简单,成本低廉,配制方便,助镀效果较好	溶液调整频繁,助镀质量稳定性较差

续表 1.3

序号	助镀种类	助　镀　方　法	优点	缺点
2	熔融盐法	在铝液表面覆盖一层熔融盐，热浸镀铝时工件先经过熔融盐层活化表面后再进入铝液。此法适用于热浸镀铝炉前设有通风装置的场合	助镀效果较好，防止铝液表面高温氧化	熔融盐在高温下易挥发，有些还有毒气，污染环境、腐蚀设备，在铝液表面难以清除
3	气体法	采用钠蒸气、氢气或氮气进行表面处理，例如，美国 Almco 公司的 Sendzimir 法采用氢气还原，而 K. A. C. C法则采用 $10\% \ H_2 + 90\% \ N_2$ 还原	助镀效果较好，能防止铝液表面高温氧化	装备复杂，投资较高，安全防护措施要求较高

注：① 水溶液法(氧化膜法)在国内外应用较普遍。

早期试用 $ZnCl_2$-NH_4Cl 水溶液法，助镀效果较差，因为 $ZnCl_2$ 膜进入铝液后易产生 ZnO"烧渣"附于钢铁件表面，影响铝原子吸附并渗入钢铁表面，导致钢铁表面局部漏镀，或产生麻点等宏观缺陷。

水溶液法(氧化膜法)的成分不断改进，呈多样化，并逐步优化。选用的化学试剂，由 $ZnCl_2$、NH_4Cl 拓宽到 CrO_3、$NaNO_2$、$KMnO_4$、$K_2Cr_2O_7$、KNO_2、KF、NaF、$Na_2Cr_2O_7$ 等。其溶液浓度大致为 0.3%。

② 熔融盐法应用较少。

③ 气体法适用于大规模生产时在熔铝容器与气氛炉密封连接的连续式生产的热浸镀铝操作。

1.4　热　浸　镀　铝

1.4.1　热浸镀铝液

热浸镀铝时，必须控制有效热浸镀铝区(指热浸镀铝容器中铝液化学成分和温度均匀性能满足工艺要求的工作区间)的铝液的化学成分。GB/T 18592 标准规定热浸镀铝液的化学成分见表 1.4；

ASTM A 676 标准规定热浸镀铝液的化学成分见表 1.5。

表 1.4 GB/T 18592 标准规定的热浸镀铝液化学成分

覆层材料类别	Si	Zn	Fe	其他杂质总含量	铝
铝	≤2.0%	≤0.05%	≤2.5%	≤0.30%	余量
铝-硅	4.0%~10.0%	≤0.05%	≤4.5%	≤0.30%	余量

注:含铁量为主要控制指标。

表 1.5 ASTM A 676 标准规定的热浸镀铝液化学成分

覆层材料类别	Si	Fe	Cu	Mn	Zn	B	其他杂质总含量
铝	≤2.0%	≤2.5%	≤0.05%	≤0.05%	≤0.05%	≤0.01%	≤0.15%
铝-硅	5.0%~10.0%	≤4.5%	≤0.05%	≤0.05%	≤0.05%	≤0.01%	≤0.15%

GB/T 18592 标准对热浸镀铝液成分中 Si、Zn、Fe 三元素的控制指标与 ASTM A 676 标准大致相同。由于考虑到 Cu、Mn、B 三元素对热浸镀铝液质量的负面影响不明显,故没有做限制性要求。

热浸镀铝液中的主要杂质元素铁(主要由钢铁工件表面和铁基熔铝容器表面溶入)是影响热浸镀铝质量的主要因素,其增长速率工艺试验与检测结果在第 10 章将进行专题讨论。GB/T 18592 标准规定,热浸镀纯铝(Al)时,对热浸镀铝液中杂质元素铁的含量应控制在 2.5% 以下;热浸镀铝-硅(Al-Si)时,对热浸镀铝液中杂质元素铁的含量应控制在 4.5% 以下。热浸镀铝-硅(Al-Si)时对铝液中铁含量适当放宽,主要是因为:工艺温度相对较低,其负面影响相对较小;铝-硅(Al-Si)合金层厚要求相对较低;铝-硅覆层材料一般不再进行后续扩散处理,产生孔隙、裂纹的概率相对较小。

GB/T 18592 标准规定热浸镀纯铝(Al)时,热浸镀铝液一般使用 8 h 后应取样分析并调整,这是因为一般使用 8 h 后,热浸镀铝液中的铁含量增加到上限值附近。

热浸镀铝液表面浮渣应及时去除,液底沉渣也应定期去除。

1.4.2　热浸镀铝温度

热浸镀铝温度是指工件在给定工艺温度条件下在铝液中的保温温度。推荐热浸镀铝温度见表1.6,碳素钢件一般取下限;合金钢、铸铁件一般取上限。

表 1.6　热浸镀铝温度

覆层材料类别	保温温度/℃
铝	700~780
铝-硅	680~740

热浸镀铝液中,铝液温度均匀性是影响热浸镀铝质量的重要因素,GB/T 18592 标准规定有效热浸镀铝区温度允许偏差为±10 ℃。热浸镀铝温度测定应直接在铝液中进行。

1.4.3　热浸镀铝时间

热浸镀铝时间是指工件在给定工艺温度条件下在铝液中的保温时间。推荐碳素钢及低合金钢的热浸镀铝时间见表1.7。

由于某些元素(如 C、Si、Cr、Ni 等)不同程度地抑制铝元素在铁基金属中的扩散,为了保证中、高合金钢以及铸铁的热浸镀铝质量(主要指热浸镀铝层厚度与涂覆量),相同壁厚的中、高合金钢以及铸铁件的热浸镀铝时间与碳素钢相比应增加 20%~30%。

由于扩散型热浸镀铝材料相比浸渍型热浸镀铝材料对镀层要求较厚,应适当增加热浸镀铝时间,目的是在热浸镀铝阶段获得较厚的铝-铁合金层。

表 1.7　碳素钢及低合金钢热浸镀铝时间

工件壁厚/mm	热浸镀铝时间/min	
	浸渍型热浸镀铝层	扩散型热浸镀铝层
1.0～1.5	0.5～1	2～4
1.5～2.5	1～2	4～6
2.5～4.0	2～3	6～8
4.0～6.0	3～4	8～10
>6.0	4～5	10～12

1.4.4　热浸镀铝后出炉冷却

热浸镀铝工件出铝液后,应及时采取振动或气吹等方法去除表面粘附的铝液,在空气中冷却,避免淬水或淬油。其目的:a. 有利于降低铝耗;b. 有利于表面光洁;c. 预防工件畸变;d. 预防热浸镀铝层产生裂纹等缺陷。

1.4.5　畸变校正

热浸镀铝制品尺寸畸变超差时,应进行校正处理。校正处理覆盖有浸渍型热浸镀铝层的热浸镀铝制品时,应避免表面划痕、污染;校正处理覆盖有扩散型热浸镀铝层的热浸镀铝制品时,应避免表面划痕、污染、剥落或开裂。

1.4.6　表面清理

采用机械方法或化学方法去除热浸镀铝制品表面残留熔渣或其他污物。采用机械方法时注意避免表面划痕;采用化学方法时注意清洗干净并干燥。

1.5　扩　散　处　理

1.5.1　扩散处理温度与时间

GB/T 18592 标准规定扩散保温温度范围为 850～930 ℃;保温时间为 3～5 h。若以层厚要求为主,可选择扩散保温温度与时间的上限;若以基体金属强度要求为主,可选择扩散保温温度与时间的下限。

GB/T 18592 标准规定的扩散保温下限温度(850 ℃)比 ASTM A 676 标准规定的下限温度(≥927 ℃)低,定标依据是通过大量的工艺试验证明在此温度条件下能够保证热浸镀铝层厚度和涂覆量要求。例如,一组 20 钢浸铝件(760 ℃ 热浸镀铝 12 min)经过850 ℃扩散处理 3 h 转变为浸渗铝件后所测得的扩散型热浸镀铝层厚度分别为:0.22 mm、0.24 mm、0.27 mm,均符合 GB/T 18592 标准规定的热浸镀铝层厚要求。

实践证明,降低扩散保温温度有利于减少扩散型热浸镀铝层缺陷,保持基体金属强度,节能降耗,并降低生产成本。

试验证明,通过提高扩散处理温度、延长扩散处理时间,达到增加扩散型热浸镀铝层厚度的目的做法并不可取。因为在增加渗层厚度的同时也会降低渗层铝浓度。在热浸镀铝处理阶段适当增加热浸镀铝时间,渗层增厚效率更高(20 钢 760 ℃热浸镀铝 12 min 获得的热浸镀铝层厚度,与 900 ℃扩散处理 1 h 增加的厚度相当)。在扩散处理阶段适当降低扩散处理温度,缩短扩散处理时间,预留第三次扩散(在热浸镀铝处理阶段产生的扩散称为第一次扩散;在扩散处理阶段产生的扩散称为第二次扩散;在高温使用环境中产生的扩散称为第三次扩散)渗层增厚的潜在空间,更有利于提高或延长热浸镀铝材料的使用寿命。

　　20 钢在 750 ℃ 热浸镀铝处理后,在不同温度条件下保温 5 h 测得的扩散温度与扩散型热浸镀铝层厚度关系曲线见图 1.1[8];在同一温度(900 ℃)条件下保温不同时间测得的扩散时间与扩散型热浸镀铝层厚度关系曲线见图 1.2。[8]

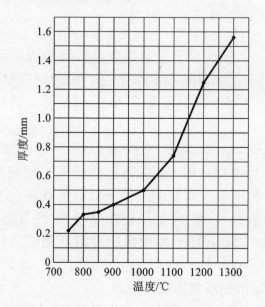

图1.1　扩散温度与热浸镀铝层厚度关系曲线

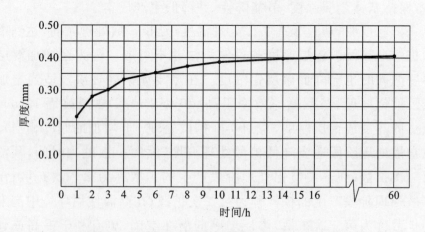

图 1.2　扩散时间与热浸镀铝层厚度关系曲线

1.5.2　扩散处理冷却方式

根据热浸镀铝制品基体金属力学性能要求,在扩散处理加热和保温工艺过程之后,可选择的冷却方式为炉冷或空冷,应避免油冷或水冷。

2 热浸镀铝质量检验

本章论述钢铁热浸镀铝制品的质量检验,分为热浸镀铝制品表面宏观检查、热浸镀铝层涂覆量测定、热浸镀铝金相试样制备、热浸镀铝层厚度测量、扩散型热浸镀铝层孔隙级别评定、扩散型热浸镀铝层裂纹级别评定、扩散型热浸镀铝层与基体金属界面类型评定、热浸镀铝件力学性能试验和热浸镀铝产品检查验收,共九个部分。热浸镀铝层显微组织分析在第3章、第4章专题论述。

2.1 热浸镀铝制品表面宏观检查

2.1.1 目视检查

1. 钢铁热浸镀铝制品表面形成的热浸镀铝层应连续、完整。

2. 浸渍型热浸镀铝制品表面不允许存在漏镀(浸渍型热浸镀铝层覆盖遗漏的现象)以及明显影响外观质量的熔渣、色泽暗淡等缺陷。

3. 扩散型热浸镀铝制品表面不允许存在漏渗(扩散型热浸镀铝层覆盖遗漏的现象)以及裂纹、剥落等缺陷。

2.1.2 附着力检查

1. 浸渍型热浸镀铝层附着力检查

使用坚硬的刀尖并施加适当的压力,在平面部位反复刻划直至穿透表面铝覆盖层,在刻划线两侧2.0 mm以外的铝覆盖层不应起皮或剥落,如果发现起皮或剥落(包括分层剥落或整层剥落),则认为附着力不够。

2. 扩散型热浸镀铝层附着力检查

使用坚硬的刀尖并施加适当的压力,在平面部位反复刻划(或用手工锯割)直至穿透铝-铁合金层,在刻划线(或锯割线)两侧 2.0 mm 以外的铝-铁合金层不应起皮或剥落。如果发现起皮或剥落(包括分层剥落或整层剥落),则认为附着力不够。

经过验证,根据刻划线(或锯割线)两侧热浸镀铝层剥落宽度来判断热浸镀铝层在基体金属上附着力的方法简便、明了、有效。

2.1.3 畸变检查

经过热浸镀铝处理后,工件会不同程度地产生畸变,但畸变量应控制在允许的范围之内。可采用直尺、游标卡尺、千分尺等工具测量热浸镀铝制品的挠曲、伸长、增厚等畸变量。

2.2 热浸镀铝层涂覆量测定

2.2.1 涂覆量指标

GB/T 18592、ASTM A 676、JIS H 8642 标准分别规定的热浸镀铝层涂覆量指标见表 2.1。[8]

表 2.1 热浸镀铝层涂覆量指标　　　　　　单位:g/m²

热浸镀铝层类型		标 准 编 号		
		GB/T 18592	ASTM A 676	JIS H 8642
浸渍型	铝	≥ 160	≥ 180	HDA1≥110
	铝-硅	≥ 80	≥ 90	HDA2≥120
扩散型	铝	≥ 240	≥ 280	—

注:表中数据"GB/T 18592"栏与"ASTM A 676"栏对应,与"JIS H 8642"栏不对应。

2.2.2 涂覆量测定（随炉附带试样法）[8,9]

1. 基本原理

采用预备试样,随同工件进行热浸镀铝处理。根据热浸镀铝处理前后试样质量变化,计算得出热浸镀铝层的涂覆量。

2. 取样

以机械方法从工件（热浸镀铝处理前）上切取试样,或选取与工件同一批料的平行试样,或选用预备试样,试样表面积大约为 2000 mm^2。

3. 试样经过脱脂、除锈、洁净、干燥后称得热浸镀铝前质量 W_1（单位为 g,精度为 0.01 g）。

4. 试样随同工件进行热浸镀铝。

5. 试样经过洁净、干燥后称得热浸镀铝后质量 W_2（单位为 g,精度为 0.01 g）。

6. 用检测工具测量（精度为 0.1 mm）出试样的热浸镀铝面积 S（单位为 mm^2）。

7. 计算得出热浸镀铝层的单位面积涂覆量 C（单位为 g/m^2）。

计算公式如下:

$$C = K \frac{W_2 - W_1}{S}$$

式中,$K = 1 \times 10^6$。

该方法优点:所需设备简单,操作简便易行,结果直接明了。缺点:必须预备试样;只适用于小、薄型试样检测（试样的表面积大约为 2000 mm^2）;对于较大、较厚、形状复杂的试样检测困难,检测精度与结果误差较大。

2.2.3 涂覆量测定（溶解称重法）[4,9]

1. 基本原理

采用化学方法将热浸镀铝层溶解，并称得热浸镀铝层溶解前后的质量，通过溶解前后单位面积上的质量差计算得出热浸镀铝层的涂覆量。

2. 取样

以机械方法从工件（热浸镀铝处理后）上切取试样，工件较大时，应在有代表性部位切取试样。试样表面积不应小于 2000 mm²。

3. 用有机溶剂或其他合适的溶剂清洗试样表面，干燥后称得溶解前试样质量 W_1（单位为 g，精度为 0.01 g）。

4. 溶解溶液配制

a. SbCl₃-HCl 溶液

将 200 g 三氯化锑（SbCl₃）溶解于 1000 mL 盐酸（HCl，相对密度为 1.19）中，不需加热。

b. SnCl₂-HCl 溶液

将 100 g 二氯化锡（SnCl₂）溶解于 1000 mL 盐酸（HCl，相对密度为 1.19）中，不需加热。

c. SbCl₃-SnCl₂-HCl 溶液

将 SbCl₃-HCl 溶液和 SnCl₂-HCl 溶液各取 100 mL 混合后备用。若所测定的试样表面积大于 2000 mm²，则应适当增加溶解液配制量（两种溶液的体积比保持 1∶1），不需加热。

5. 溶解方法

将试样完全浸入 SbCl₃-SnCl₂-HCl 溶液中（溶解去除热浸镀铝层），直到停止产生气泡为止。溶解在室温下进行，溶液温度不得超过 38 ℃。溶解完成后，将试样取出，用自来水冲洗并用软织物擦拭，以去除试样表面的反应产物。用热风干燥、冷风冷却后，称取溶

解后试样质量 W_2（单位为 g，精度为 0.01 g）。

6. 试样表面积测量

用检测工具（精度为 0.1 mm）测量出试样的热浸镀铝面积 S（单位为 mm²）；

7. 计算得出热浸镀铝层的单位面积涂覆量 C（单位为 g/m²）。

计算公式如下：

$$C = K\frac{W_1 - W_2}{S}$$

式中，$K = 1 \times 10^6$。

该方法优点：可在没有预备试样的情况下直接从工件上取样进行检测。缺点：检测方法烦琐；只适用于小、薄型试样检测（试样表面积大约为 2000 mm²）；对于较大、较厚、形状复杂的试样检测困难，检测精度与结果误差较大。

2.2.4　测量结果仲裁

实验证明，热浸镀铝层涂覆量与热浸镀铝层厚度正相关。只要热浸镀铝层厚度检测合格，则热浸镀铝层涂覆量检测合格。所以，实际工作中确定检测项目时，往往以厚度测量代替涂覆量测定，在涂覆量测定结果与厚度测量结果有争议时，以厚度测量结果为准。

2.3　热浸镀铝金相试样制备

热浸镀铝金相试样制备，遵循 JB/T 5069《钢铁零件渗金属层金相检验方法》[10] 技术规则。

热浸镀铝试样制备，应取自工件代表性部位，应以机械方法在冷态切取，其横断面应垂直于热浸镀铝层。

热浸镀铝试样制备，应特别注意试样表面保护。以试样表面保护为前提开展试样固定、试样磨制、试样抛光、组织显示等工作程序。

2.3.1 试样固定

1. 机械夹持固定法

以机械夹持法固定多个试样时,试样之间必须使用垫片间隔,垫片材质选择应保证其在使用显示剂(又称侵蚀剂)显示镀层厚度和金相组织时不参与化学反应、不污染试样表面,热浸镀铝试样制备时一般选用铜片或镍片等。该方法优点:适用于薄片型、规则型试样制备,试样夹持固定后即可使用。缺点:不适用于不规则试样制备,磨制工作量相对较大。机械夹持固定法见图 2.1。

2. 粘接镶嵌固定法

以粘接镶嵌法固定试样时,常常选用可室温固化的胶黏剂,如环氧树脂胶等。在胶黏剂中加入抛光微粉作填料,既有利于提高粘接强度,有效固定试样,又有利于提高试样磨制、抛光效率。胶黏剂选择:要求表面润湿性好,与试样表面结合紧密,防止试样磨制时表面倒角;要求具有优良的化学稳定性,在使用显示剂显示金相组织时不参与化学反应、不污染试样表面。例如,以环氧胶充填 $15\%\sim 20\%$ 的抛光微粉(Cr_2O_3 或 Al_2O_3)配制的胶黏剂镶嵌保护热浸镀铝层试样效果较好[11]。该方法优点:适用于各种类型的特别是不规则试样制备,对形状复杂的试样可采取集体镶嵌;配制方便,室温固化;磨制工作量小,抛光效率高,化学稳定性好,洁净干燥速度快。缺点:粘接镶嵌固定试样后需等待固化,固化时间一般需要 8 h 以上,不能即制即用。粘接镶嵌固定法见图 2.2。

因为粘接镶嵌固定法操作简便、效率高、质量好,实际应用中逐步取代机械夹持固定法。

图 2.1　热浸镀铝试样机械　　　　图 2.2　热浸镀铝试样环氧胶
　　　　夹持固定法　　　　　　　　　　　粘接镶嵌固定法

3. 热固性塑料镶嵌成型法

一般采用金相试样镶嵌机,试样连同热固性塑料(或胶木粉料)在加热条件下,在模套内压制形成模块。模块成型后即可进行磨制、抛光操作。该方法优点:镶嵌效率高,即制即用。缺点:受成型模块限制,只适用于小、微型试样,不适用于较大试样镶嵌。

2.3.2　试样磨制

热浸镀铝金相试样的制备在磨制环节,应特别注意磨制方法。一般情况下,以机械夹持法固定的试样需要先用砂轮磨;以粘接镶嵌固定法、热固性塑料镶嵌成型法固定的试样可直接进行预磨盘磨或手工砂纸磨。采用砂轮磨时,用力要轻,以免热浸镀铝层崩掉或破坏;采用手工砂纸磨时,使用的砂纸由粗到细,每换一道砂纸,应转动一定角度,保持用力方向与热浸镀铝层成 45°角,以减轻摩擦冲击力,避免热浸镀铝层崩裂。

2.3.3　试样抛光

热浸镀铝金相试样制备,在抛光环节,应特别注意试样表面与抛光盘接触面保持力度均匀,预防试样表面出现抛光性圆角(或称抛光性倒角)。因为抛光性圆角不能保证热浸镀铝层的外层与内层、热浸镀铝层与基体金属在同一平面上,不能保证热浸镀铝层金相组织完整、清晰地显示。

2.3.4　组织显示

热浸镀铝金相试样制备,在组织显示(或称侵蚀)环节,应特别注意显示时间,在组织显示后应及时将显示剂清洗(一般用流水冲洗)干净并迅速以热、冷风吹干。在进行组织显示和组织着色双重操作时,注意两种操作方法的配合与衔接。

由于热浸镀铝层中的外层与内层、热浸镀铝层与基体金属在成分、组织、性能等方面差异较大,因此,热浸镀铝层金相试样制备和金相分析检验难度相对较大,需要较高的制作技巧和专业的试验技术,还需要认真的科学态度和刻苦的技能训练。

热浸镀铝层厚度测量、孔隙级别评定、裂纹级别评定、界面类型评定,以及基体金属组织分析可在同一金相试样上进行。

2.4　热浸镀铝层厚度测量

热浸镀铝层厚度是指从热浸镀铝层表面垂直测量至热浸镀铝层与基体金属界面线的距离。

2.4.1　热浸镀铝层厚度技术指标

GB/T 18592、ASTM A 676、JIS H 8642 标准分别规定的热浸镀铝层厚度指标见表 2.2。[8]

表 2.2　热浸镀铝层的厚度指标　　　　　　单位:mm

热浸镀铝层类型		标 准 编 号		
		GB/T 18592	ASTM A 676	JIS H 8642
浸渍型	铝	≥0.080	≥0.076	HDA1≥0.06
	铝-硅	≥0.040	≥0.038	HDA2≥0.07
扩散型	铝	≥0.100	≥0.076	HDA3≥0.05

注:表中数据"GB/T 18592"栏与"ASTM A 676"栏对应,与"JIS H 8642"栏不对应。

2.4.2　显微镜测量法

热浸镀铝层厚度测量,遵循 GB/T 6462《金属和氧化物覆盖层厚度测量显微镜法》[12]和 JB/T 5069《钢铁零件渗金属层金相检验方法》技术规则,根据热浸镀铝层厚度不均的特点,对于热浸镀铝层厚度显示、测量视场选取、厚度值测量、结果计算等内容,GB/T 18592 标准进一步做了明确规定。

1. 热浸镀铝层厚度显示

热浸镀铝层厚度及组织显示,推荐显示剂见表 2.3。

表 2.3　热浸镀铝层厚度显示剂

编号	显 示 剂	适 用 范 围
1	氢氟酸溶液 1 mL,水 99 mL	各类钢铁的浸渍型热浸镀铝层厚度显示
2	氢氧化钠 10 g,水 100 mL	各类钢铁的浸渍型热浸镀铝层厚度显示
3	硝酸溶液 4 mL,95%乙醇溶液 96 mL	各类钢铁的浸渍型热浸镀铝层厚度及基体金属组织显示
4	硝酸溶液 5 mL,95%乙醇溶液 85 mL,氢氟酸溶液 10 mL	各类钢铁的扩散型热浸镀铝层厚度、界面线及基体金属组织显示

2. 测量视场确定

按试样横断面长度分成 6 等份,并以中间 5 个等分点作为测量视场。热浸镀铝试样测量视场确定法见图 2.3。

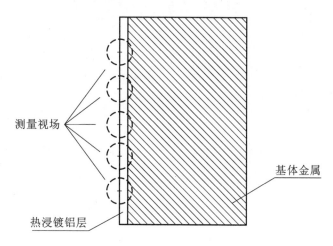

测量视场

基体金属

热浸镀铝层

图 2.3 热浸镀铝试样测量视场确定法

3. 厚度值测量

a. 浸渍型热浸镀铝层厚度为表面铝覆盖层与铝-铁合金层厚度之和。浸渍型热浸镀铝-硅层厚度测量法见图 2.4,浸渍型热浸镀铝层厚度测量法见图 2.5。

b. 扩散型热浸镀铝层厚度为从试样表面垂直测量至热浸镀铝层与基体金属界面线的距离。若界面线为双线,则以测量至近金属基体的那一条界面线为准。扩散型热浸镀铝层厚度测量法见图 2.6。

c. 由于热浸镀铝层具有厚度不均的特点,应在每个测量视场测量出热浸镀铝层最大厚度值 δ_{max} 与最小厚度值 δ_{min},取其算术平均值。

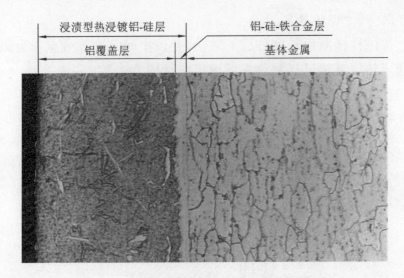

图 2.4　浸渍型热浸镀铝−硅层厚度测量法

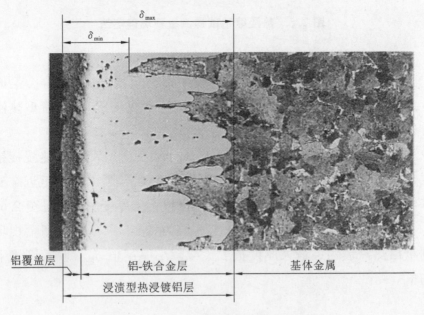

图 2.5　浸渍型热浸镀铝层厚度测量法

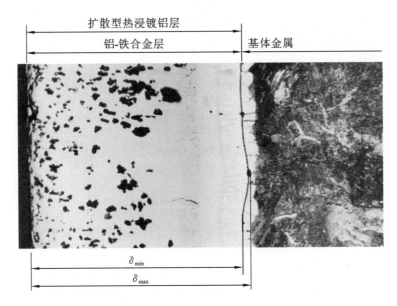

图 2.6　扩散型热浸镀铝层厚度测量法

4. 结果计算

a. 测量视场内热浸镀铝层厚度计算

$$\delta_i = \frac{\delta_{max} + \delta_{min}}{2} \quad (i = 1 \sim 5)$$

b. 试件热浸镀铝层厚度计算

$$\delta = \frac{\delta_1 + \delta_2 + \delta_3 + \delta_4 + \delta_5}{5}$$

2.4.3　测厚仪测量法

1. 采用磁性测厚仪,按照 GB/T 4956《磁性基体上非磁性覆盖层覆盖层厚度测量磁性法》[13]进行。

2. 测厚时,在每个检测位置取 5 点读数的算术平均值作为一次测量值。每个测量件的三次测量值都应符合表 2.2 的规定。

3. 与显微镜测量法相比,测厚仪测量法具有检测方便、易操作、速度快,可检测部位多、面积大,属于无损检测等优点,但检测精确度相对较低。

2.4.4　测量结果仲裁

当显微镜测量法与测厚仪测量法得出的检测结果有争议时,应以显微镜测量法检测结果为准。

由于热浸镀铝层厚度与热浸镀铝层涂覆量正相关,且检测结果更准确,当厚度测量结果与涂覆量测定结果有偏差时,应以厚度测量结果为准。

实际工作中,在进行金相检验时,由于厚度测量与组织分析可在同一试样上进行,大都采用热浸镀铝层显微镜测厚法代替测厚仪测厚法,并以热浸镀铝层厚度测量代替涂覆量测定。

2.5　扩散型热浸镀铝层孔隙级别评定

1. 扩散型热浸镀铝层孔隙级别评定方法见 GB/T 18592 标准附录 B(本书附录 1)。

2. 以机械方法在冷态切取试样,试样横截面应垂直于扩散型热浸镀铝层,试样应镶嵌或用夹具夹持以防倒角,试样研磨后进行抛光。孔隙级别评定在试样抛光面进行。

3. 扩散型热浸镀铝层孔隙按照"最大孔径""是否构成网络""分布层深"三个指标分级,分为 1～6 级,共 6 个级别。

4. 合格级别根据产品使用条件确定,一般规定孔隙 1～3 级合格,4～6 级不合格。

5. 一般规定,有孔隙层厚度不得大于热浸镀铝层厚度的四分之三。

2.6　扩散型热浸镀铝层裂纹级别评定

1. 扩散型热浸镀铝层裂纹级别评定方法见 GB/T 18592 标准附录 C(本书附录 2)。

2. 以机械方法在冷态切取试样,试样横截面应垂直于扩散型热浸镀铝层,试样应镶嵌或用夹具夹持以防倒角,试样研磨后进行抛光。裂纹级别评定在试样抛光面进行。

3. 扩散型热浸镀铝层裂纹按照"单位面积内裂纹总长度""是否构成网络""分布层深"三个指标分级。

4. 扩散型热浸镀铝层裂纹级别与特征分为甲、乙两个系列。甲系列分为 0～6 级,共 7 个级别,适用于碳素钢和低合金钢扩散型热浸镀铝层裂纹级别评定;乙系列分为 1～7 级,共 7 个级别,适用于中、高合金钢扩散型热浸镀铝层裂纹级别评定。

5. 合格级别根据产品使用条件确定。一般规定甲系列裂纹 0～3 级合格,4～6 级不合格;乙系列裂纹 1～4 级合格,5～7 级不合格。

6. 一般规定,裂纹深度不得大于热浸镀铝层厚度的四分之三。

2.7　扩散型热浸镀铝层与基体金属界面类型评定

1. 扩散型热浸镀铝层与基体金属界面类型评定方法见 GB/T 18592 标准附录 D(本书附录 3)。

2. 以机械方法在冷态切取试样,试样横截面应垂直于扩散型热浸镀铝层,试样应镶嵌或用夹具夹持以防倒角,试样研磨、抛光后用显示剂显示扩散型热浸镀铝层和基体金属组织。

3. 扩散型热浸镀铝层与基体金属界面类型按照界面线特征分为 5 种类型：

A 型："界面线为曲线，曲度较大"

B 型："界面线为曲线，曲度较小"

C 型："界面线为双线，曲度较小"

D 型："界面线近于直线或近于直线并有柱状晶嵌入"

E 型："界面线为直线"

4. 合格类型根据产品使用条件确定。原则上规定 A 型、B 型、C 型合格；E 型不合格；D 型合格与否，由用户与生产厂商定，并在订货技术条件中约定。

试验得知，扩散型热浸镀铝层与基体金属界面类型与扩散处理工艺温度相关联，与热浸镀铝层与基体金属结合强度相关联，与基体金属组织与强度变化相关联。例如，E 型特征大都与基体金属过热组织相关联。

由于扩散型热浸镀铝制品使用范围较广泛，对热浸镀铝层质量要求有所不同，所以，在 GB/T 18592 标准中，扩散型热浸镀铝层与基体金属界面类型评定以提示的附录列入。

2.8　热浸镀铝件力学性能试验

2.8.1　拉伸试验

1. 以机械方法从热浸镀铝件上切取试样或在同一批原材料中切取预备试样，随同工件按照同一热浸镀铝工艺操作处理。

2. 试样的制作及拉伸试验按照 GB/T 228《金属材料拉伸试验第 1 部分：室温试验方法》[14]进行。

3. 拉伸试验时，试样表面应保留热浸镀铝层。

4. 计算单位面积强度时,因热浸镀铝工艺产生的表面增厚尺寸不应叠加计入试件截面尺寸。试验证明,覆盖有浸渍型热浸镀铝层的工件表面增厚尺寸大致与铝覆盖层厚度相当;覆盖有扩散型热浸镀铝层的工件表面增厚尺寸大约为 0.05 mm。

2.8.2 显微硬度试验

热浸镀铝层的显微硬度试验按照 GB/T 9790《金属覆盖层及其他有关覆盖层维氏和努氏显微硬度试验》[15]进行。显微硬度试验可在热浸镀铝层金相检验试样上进行。

因为热浸镀铝层金相组织与热浸镀铝层硬度有相应关系,通过热浸镀铝层组织形态能大致判断其相应的硬度范围,所以在实际工作中,显微硬度试验在检验工艺效果时应用较多,在检验产品质量时应用相对较少。

2.8.3 基体金属性能试验

热浸镀铝件基体金属的机械性能试验项目和技术指标,由用户与热浸镀铝生产厂家根据产品使用要求在订货技术条件中约定。

2.9 热浸镀铝产品检查验收

2.9.1 产品抽样

1. 分组与分批

浸渍型热浸镀铝产品按生产班次分组;扩散型热浸镀铝产品按扩散处理炉次分组。按订货合同一次交货的一组或若干组热浸镀铝产品为一批。

2. 随机抽样

每批热浸镀铝产品随机抽取检验用样品三件。

3. 附带试样

允许随产品批次附带检验用试样。

2.9.2　检验项目

1. 每件试样都做热浸镀铝层厚度测量、孔隙级别评定、裂纹级别评定和力学性能试验。也可根据具体情况与用户协商确定检验项目(检验数量、检验部位)。

2. 热浸镀铝层厚度与涂覆量两个指标中可以只检测其中一个。一般以测厚代替涂覆量测定;在不具备测厚条件下,允许以涂覆量测定代替厚度测量。

3. 允许以热浸镀铝层与基体金属界面类型评定代替附着力试验。

2.9.3　产品验收

1. 产品验收工作应在交货前完成。

2. 热浸镀铝生产厂的检验报告和产品合格证书应在交货时一并提供。

3. 用户对不合格产品有拒收权利,但应在验货后的 30 个工作日内将拒收理由通知生产厂。

2.9.4　产品包装与标记

热浸镀铝产品应妥善包装,防止表面碰伤和污染,确保用户收货后满足使用要求。热浸镀铝产品应标记所执行的标准文号,以及相应的覆层材料类型、生产厂名称、生产批号、出厂日期。

2.9.5　相关注意事项

1. 热浸镀铝生产厂对用户委派的检验人员到现场进行产品验收工作时应提供方便。

2. 热浸镀铝件金相检验部位，应在宏观检验合格的工件或试样上选取，避开宏观缺陷部位。

3. 扩散型热浸镀铝层测厚、孔隙与裂纹级别评定、界面类型评定等检验项目，一般抽取 3 个检验试样，要求 3 件都合格。若有不同要求，应在产品订货技术条件中明确规定。

各类钢铁热浸镀铝层显微组织

3.1 热浸镀铝层组织综述

热浸镀铝层组织包括浸渍型热浸镀铝层组织和扩散型热浸镀铝层组织。本章重点讨论关系到热浸镀铝层组织性能的热浸镀铝层层间合金相、硬度、铝浓度、厚度及其影响因素。

3.1.1 热浸镀铝层合金相

根据铁铝平衡图(图 3.1)分析可知,在热浸镀铝层形成过程中,钢铁表面随着铝浓度逐步升高,可以依次得到富铝的 α、β_1(Fe_3Al)、β_2($FeAl$)三种固溶体和 ξ($FeAl_2$)、η(Fe_2Al_5)、θ($FeAl_3$)三种化合物。

1. 浸渍型热浸镀铝层合金相

在热浸镀铝处理后(出铝液后)形成的组织称之为浸渍型热浸镀铝层组织。

浸渍型热浸镀铝层组织由表面铝覆盖层(与铝液成分相同)和铝-铁合金(Fe_2Al_5化合物)层组成。

(1)热浸镀纯铝时,表面铝覆盖层成分为纯铝(Al);内层铝-铁合金为 η(Fe_2Al_5)相层,富铝的 α、β_1(Fe_3Al)、β_2($FeAl$)三种固溶体及 ξ($FeAl_2$)、θ($FeAl_3$)两种化合物相都不出现。铝-铁合金层中为单一的 η(Fe_2Al_5)相,呈手指状(或称为齿状),伸入基体金属。

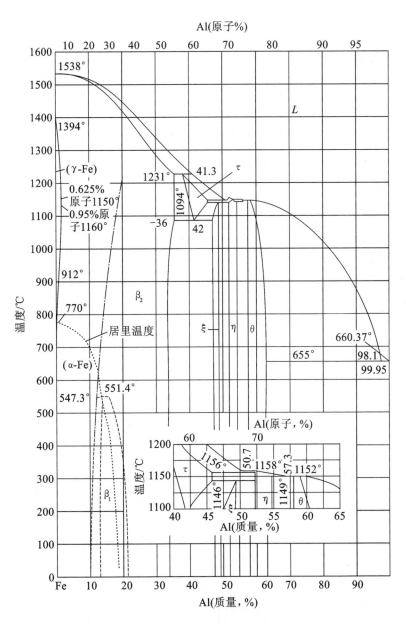

图 3.1   铁铝平衡图

究其原因:

① $\eta(Fe_2Al_5)$ 相为斜方点阵,由于 C 轴上的节点被铝原子占据,且 C 轴上有较多的空位(30%),有利于铝原子通过 $\eta(Fe_2Al_5)$ 相的晶格快速扩散并生长。[1]

② 铝原子在 α-Fe 的晶格中扩散速度比在 γ-Fe 的晶格中扩散速度更快,且 α-Fe 的晶格类型为体心立方,更容易转变为斜方点阵(热浸镀铝温度条件下,铁基金属处于 α-Fe 晶体结构状态)。

③ 热浸镀铝处理阶段的扩散是液-固类、铝浓度上升型扩散。富铝的 α、$\beta_1(Fe_3Al)$、$\beta_2(FeAl)$ 三类固溶体,因为高浓度铝液中铝原子持续渗入导致过饱和,产生相变,最终转变为 $\eta(Fe_2Al_5)$ 相。

④ 由于 $\eta(Fe_2Al_5)$ 相在三种化合物相中优先形成并快速生长,抑制了 $\xi(FeAl_2)$ 和 $\theta(FeAl_3)$ 两种化合物相的形成与生长。

(2)热浸镀铝-硅时,表层铝覆盖层成分为铝-硅化合物相;内层主要为铁-铝-硅化合物相,$\xi(FeAl_2)$、$\theta(FeAl_3)$ 两种化合物相也出现于化合物层中。

究其原因:铝液中含硅时,由于硅能占据一些 C 轴空位,使 $\eta(Fe_2Al_5)$ 相生长速率降低,有利于 $\theta(FeAl_3)$ 和 $\xi(FeAl_2)$ 相生长成型,并导致化合物层较薄并失去手指状(或称为齿状)特征。[1]

2. 扩散型热浸镀铝层合金相

在热浸镀铝处理+扩散处理后形成的组织称之为扩散型热浸镀铝层组织。

由于热浸镀铝-硅以及热浸镀铝-锌-硅合金层一般不再进行扩散处理,扩散型热浸镀铝层的重点研究对象为热浸镀纯铝层。

扩散型热浸镀铝层组织由铝-铁合金外层(化合物层)和铝-铁合金内层(化合物+固溶体层)组成。

与浸渍型热浸镀铝层组织相比,扩散型热浸镀铝层组织中,表面铝覆盖层因为扩散处理高温环境而消失（作为扩散铝源的功能结束）；铝-铁合金外层中，单一的 Fe_2Al_5 化合物相转变形成多种 Fe_mAl_n 化合物相（其层厚与转变前的 Fe_2Al_5 化合物相层基本相同）；铝-铁合金内层是在扩散处理高温环境中进一步扩散延展形成的，层间包括多种 Fe_mAl_n 化合物和多种固溶体。

扩散型热浸镀铝层中的化合物相，由表及里分布有：$\theta(FeAl_3)$、$\xi(FeAl_2)$ 及少量的 $\eta(Fe_2Al_5)$ 相，以 $\xi(FeAl_2)$ 相为主；在化合物相层之下，形成 $\beta_1(Fe_3Al)$、$\beta_2(FeAl)$ 和富铝的 α 固溶体相层。

究其原因：

① 扩散处理阶段的扩散是固-固类扩散，对于基体金属表面而言，前半期是铝浓度上升型扩散（表面铝覆盖层转变阶段/相对时间较短），后半期是铝浓度下降型扩散（表面铝覆盖层转变完成后继续扩散阶段/相对时间较长），但总体趋势是铝浓度下降型扩散。高含量的 $\eta(Fe_2Al_5)$ 相大部分转变形成较低铝含量的 $\xi(FeAl_2)$ 等化合物相和 $\beta_1(Fe_3Al)$、$\beta_2(FeAl)$、富铝的 α 固溶体相。

② 由于扩散源铝原子有限，扩散形成的 $\beta_1(Fe_3Al)$、$\beta_2(FeAl)$ 和富铝的 α-Fe 固溶体产生新的相变的概率减小，保留在渗层中。

常用钢种（20 钢、1Cr13 钢、1Cr18Ni9Ti 钢）扩散型热浸镀铝层相组成、铝含量、显微硬度、厚度值见表 3.1。[16]

表 3.1　常用钢种扩散型热浸镀铝层相组成及性能

扩散型热浸镀铝层		20 钢	1Cr13 钢	1Cr18Ni9Ti 钢
第一层（外）	相组成	Fe_2Al_5、$FeAl_3$	Fe_2Al_5、$FeAl_3$	Fe_2Al_5、$FeAl_3$
	铝含量	63.13%		54.39%
	显微硬度	879HV		
	厚度	0.14 mm		

扩散型热浸镀铝层		20 钢	1Cr13 钢	1Cr18Ni9Ti 钢
第二层	相组成	FeAl、Fe$_3$Al、 Fe$_2$Al$_5$（少）、 FeAl$_3$（微）	FeAl、Fe$_2$Al$_5$、 FeAl$_3$（少）、 Cr$_2$Al（少）	Fe$_2$Al$_5$、 FeAl$_3$、 CrNiFe（少）
	铝含量	59.29%		40.35%
	显微硬度	526HV		
	厚度	0.11 mm		
第三层	相组成	Fe$_3$Al、 FeAl、 Fe$_3$AlC$_x$	Fe$_3$Al、FeAl、 CrAl$_5$（少）、 Fe$_3$AlC$_x$	FeAl、Fe$_2$Al$_5$、 CrAl$_5$（少） CrNiFe
	铝含量	26.96%		
	显微硬度	336HV		
	厚度	0.083 mm		

3.1.2　热浸镀铝层组织显示

各类钢铁热浸镀铝层显微组织显示剂见表 3.2。[17,18]

表 3.2　各类钢铁热浸镀铝层显微组织显示剂

编号	显　示　剂	适用范围
1	1%氢氟酸水溶液	浸渍型热浸镀铝层组织显示；不显示金属基体组织
2	10%氢氧化钠水溶液	浸渍型热浸镀铝层组织显示；不显示金属基体组织
3	3%~5%硝酸酒精溶液	浸渍型热浸镀铝层及金属基体组织显示

编号	显 示 剂	适用范围
4	3%～5%苦味酸酒精溶液	浸渍型热浸镀铝层及铸铁基体组织显示
5	3%硝酸＋10%氢氟酸＋87%酒精	扩散型热浸镀铝层及金属基体组织显示
6	5%硝酸＋10%氢氟酸＋85%酒精	扩散型热浸镀铝层及金属基体组织显示
7	5 g 苦味酸＋2.5 mL 盐酸＋30 mL 酒精	扩散型热浸镀铝层及不锈钢基体组织显示
8	15%硝酸＋45%盐酸＋40%酒精	扩散型热浸镀铝层及不锈钢基体组织显示
9	0.5 g 氟化钠＋1 mL 硝酸＋2 mL 盐酸＋97 mL 水,电解腐蚀(0.5 A/cm²)10 s	扩散型热浸镀铝层及金属基体组织显示
10	0.5 g 氟化钠＋1 mL 硝酸＋2 mL 盐酸＋97 mL 水,电解腐蚀(1.5 A/cm²)1 s	扩散型热浸镀铝层及金属基体组织显示
11	10 g 硝酸＋20 g 盐酸＋30 mL 甘油试样经热水预热后侵蚀	扩散型热浸镀铝层及奥氏体不锈钢基体组织显示
12	4 g 高锰酸钾＋1～3 g 氢氧化钠＋100 mL 水煮沸 1～3 min	扩散型热浸镀铝层及合金钢基体组织显示
13	1 g 亚硫酸钠＋1 g 硫代硫酸钠＋100 mL 水滴加硝酸调整到 pH＝3～4	热浸镀铝层组织显示后染色用试剂
14	1 g 亚硫酸钠＋1 g 硫代硫酸钠＋100 mL 水滴加草酸调整到 pH＝3～4	热浸镀铝层组织显示后染色用试剂
15	1 g 亚硫酸钠＋1 g 钼酸钠＋100 mL 水	热浸镀铝层组织显示后染色用试剂
16	5 g 三氯化铁＋50 mL 盐酸＋100 mL 水	渗铝钢与不锈钢焊缝组织显示

3.1.3　热浸镀铝层硬度

1.热浸镀铝层中各相的显微硬度(见表3.3)。[1,10,18]

表 3.3　热浸镀铝层中各相显微硬度

形　成　相	硬度范围/HV
$FeAl_2(\xi)$	750～1200
$Fe_2Al_5(\eta)$	650～800
$FeAl(\beta_2)$	400～550
$Fe_3Al(\beta_1)$	550～650
$Al(\alpha)$	200～400

2. T8钢浸渍型热浸镀铝层及层下基体金属显微硬度分布曲线(见图3.2)

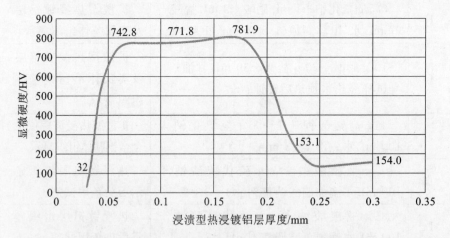

图 3.2　T8 钢浸渍型热浸镀铝层及层下基体金属显微硬度分布曲线

图中,浸渍型热浸镀铝层中 Fe_2Al_5 相层硬度值由表及里为742.8HV、771.8HV、781.9HV;层下基体金属硬度值为153.1HV、154.0HV。表面铝覆盖层硬度极低,大致为纯铝硬度的1～2倍。

因为铝覆盖层成分与铝液成分基本相同,又因为其中有极微量的铁元素(铁的溶解度仅为 0.06%)溶入,其硬度值比纯铝略有提高,在 30~60HV 区间内。

3. T8 钢扩散型热浸镀铝层及层下基体金属显微硬度分布曲线(见图 3.3)

图中,扩散型热浸镀铝层硬度值由表及里为 591.9HV、492.9HV、781.9HV、473.0HV、270.1HV、191.2HV;层下基体金属硬度值为 228.3HV、223.5HV。在扩散型热浸镀铝层与基体金属界面硬度值最低(191.2HV),印证了扩散型热浸镀铝层后贫碳区的存在。

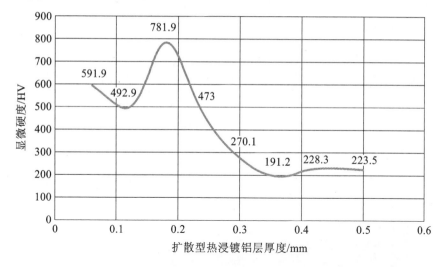

图 3.3 T8 钢扩散型热浸镀铝层及层下基体金属显微硬度分布曲线

3.1.4 热浸镀铝层铝浓度

影响钢铁热浸镀铝层组织变化的关键因素是铝元素的渗入及铝浓度的变化。铝元素的渗入引起质变,铝浓度的变化引起量变。质变与量变的结果都将导致热浸镀铝层组织发生变化。

热浸镀铝层形成前后铝浓度变化的过程与工艺过程密切相关。

1. 在工艺过程中,热浸镀铝层铝浓度变化过程

(1) 在热浸镀铝处理阶段,浸渍型热浸镀铝层形成过程中,铝-铁合金层铝浓度逐步升高。

(2) 在扩散处理阶段,由浸渍型热浸镀铝层转变为扩散型热浸镀铝层的过程中,前半期,在表面铝覆盖层转变的扩散阶段(时间相对较短),铝铁合金层铝浓度保持上升;后半期,在表面铝覆盖层转变完成后的继续扩散阶段(时间相对较长),铝铁合金层铝浓度逐渐下降。就整个扩散处理阶段而言,铝铁合金层铝浓度是一个逐渐降低的变化过程。

2. 在工艺过程后,热浸镀铝层铝浓度分布状态

浸渍型热浸镀铝层和扩散型热浸镀铝层铝浓度分布都是由表及里逐步降低的。

(1) 浸渍型热浸镀铝层铝浓度分布状态

图 3.4 是 20 钢浸渍型热浸镀铝层铝浓度分布状态图(显示剂为 10% 的氢氧化钠水溶液,基体金属组织未显示)。图中,表面白色的点集合状组织为铝覆盖层,其后的两相过渡区显示为深墨色,$\eta(Fe_2Al_5)$ 相层显示为淡墨色。与铝覆盖层相比,两相过渡区、$\eta(Fe_2Al_5)$ 相层铝浓度逐层降低。

铝覆　两相　　　　　$\eta(Fe_2Al_5)$相层　　　　　　基体金属
盖层　过渡区

图 3.4　20 钢浸渍型热浸铝层铝浓度分布状态图(320×)

（2）浸渍型热浸镀铝层两相过渡区

关于浸渍型热浸镀铝层中，在铝覆盖层与 $\eta(Fe_2Al_5)$ 相层之间是否存在两相过渡区的问题，有过争论，有过理论探讨，但此前难见举证。

从图 3.4 中可以看出，在白色点集合状的铝覆盖层与淡墨色手指状（或称为齿状）的 $\eta(Fe_2Al_5)$ 相层之间，有一层深墨色条带状组织，这就是两相过渡区。

两相过渡区位于铝覆盖层与 $\eta(Fe_2Al_5)$ 相层之间，与相邻两相结合紧密。

两相过渡区与铝覆盖层相比，组织结构致密，原子活性程度相对较高；与 $\eta(Fe_2Al_5)$ 相层相比，铝浓度相对较高。

分析铁-铝平衡图可知，两相过渡区组织为纯铝与富铝的 α、β_1、β_2 固溶体相及 $\xi(FeAl_2)$ 相的混合物。

两相过渡区组织是 $\eta(Fe_2Al_5)$ 相优先生长并快速扩散的有效铝源，而铝覆盖层中的纯铝层组织是这一有效铝源的铝源。

其实，在浸渍型热浸镀铝层中铝覆盖层与 $\eta(Fe_2Al_5)$ 相层之间，两相过渡区都存在，只是在一般情况下看到的是一条线，可以称其为"两相过渡线"，在极少数情况下看到的是一条带，可以称其为"两相过渡区"。

（3）扩散型热浸镀铝层铝浓度分布状态

图 3.5 是 A3 钢扩散型热浸镀铝层铝浓度点状分布图（显示剂为 10% 的氢氧化钠水溶液，基体金属组织未显示）。图中，表面铝-铁合金层中的铝元素在显示剂作用下在显微镜下呈现淡黄色，呈颗粒状分布于层间；在铝-铁合金层界面，清晰可见活性铝向金属基体呈扩散态势。渗层铝浓度由表及里逐步降低。

图 3.6 是 20 钢扩散型热浸镀铝层铝浓度分布状态图［图 3.6(a) 显示剂为 3% 的硝酸酒精溶液，图 3.6(b) 基体金属组织未显示］。图中，铝-铁合金层中的铝元素显示为白色。由表及里，铝浓度分布由高到低；铝元素分布由密渐疏，向基体金属延伸。

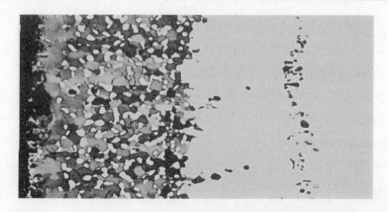

图 3.5 A3 钢扩散型热浸镀铝层铝浓度点状分布图（300×）

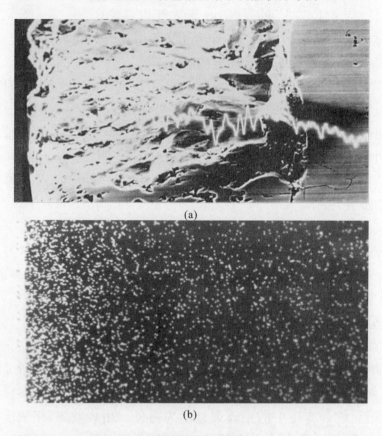

(a)

(b)

图 3.6 20 钢扩散型热浸镀铝层铝浓度分布状态图（160×）

（a）线扫描；（b）面扫描

图 3.6(a)为 20 钢扩散型热浸镀铝层铝浓度分布线扫描状态图。图中,白色曲线显示出铝浓度分布状态。左边为铝-铁合金外层(白亮色部分);右边为铝-铁合金内层＋固溶体相层(灰暗色部分)。在白亮色部分和灰暗色部分界面,铝浓度分布曲线呈现下降趋势。

图 3.6(b)为 20 钢扩散型热浸镀铝层铝浓度分布面扫描状态图。图中,白色点状分布显示出扩散型热浸镀铝层铝元素的分布由表及里由密渐疏。

图 3.7 和图 3.8 分别是 20 钢和 1Cr18Ni9Ti 钢扩散型热浸镀铝层铝浓度扫描曲线。铝浓度扫描曲线连续,由表及里、由高到低延伸至基体金属。两者相比,20 钢扩散型热浸镀铝层铝浓度扫描曲线起伏相对较小;由于受合金元素的影响,1Cr18Ni9Ti 钢扩散型热浸镀铝层铝浓度扫描曲线起伏相对较大。

图 3.7　20 钢扩散型热浸镀铝层铝浓度扫描曲线

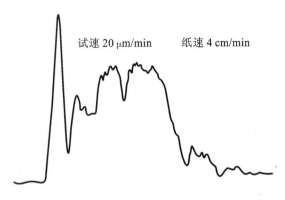

图 3.8　1Cr18Ni9Ti 钢扩散型热浸镀铝层铝浓度扫描曲线

3.1.5　热浸镀铝层厚度及其影响因素

厚度是热浸镀铝工艺控制和热浸镀铝层质量要求的重要指标。浸渍型热浸镀铝层厚度包括表面铝覆盖层厚度与铝铁合金层厚度之和;扩散型热浸镀铝层厚度包括铝铁合金层厚度与固溶体层厚度之和。影响热浸镀铝层厚度的因素,除了工艺温度和时间之外,还与基体金属中的碳、硅等元素含量以及基体金属的晶体结构密切相关。

1. 碳元素的影响

(1) 热浸镀铝处理阶段

20 钢浸渍型热浸镀铝层层间含碳量与基体金属含碳量分布曲线见图 3.9。

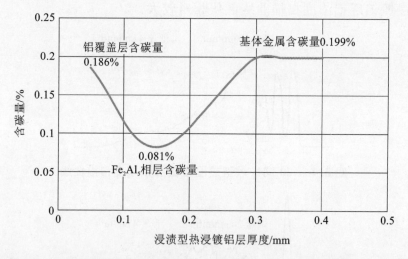

图 3.9　20 钢浸渍型热浸镀铝层层间含碳量与基体金属含碳量分布曲线

通过对浸渍型热浸镀铝层中含碳量进行分层分析,并与基体金属含碳量进行比较,得知:浸渍型热浸镀铝层中表面铝覆盖层含碳量变化不明显,铝-铁合金(Fe_2Al_5)相层中含碳量明显降低(碳含量仅为 0.081%)。这说明在热浸镀铝处理阶段,铝元素的渗入对基体金属中的碳具有一定的排挤作用。

在同一热浸镀铝处理工艺条件下,形成铝-铁合金(Fe_2Al_5)相层的厚度随着基体金属中的含碳量的增加而减少。灰口铸铁热浸镀铝处理后,得到的铝-铁合金(Fe_2Al_5)相层厚度大约只有20钢所得厚度的1/4,这说明碳具有一定的抑制铝-铁原子间扩散与化合、抑制铝-铁合金(Fe_2Al_5)相层生长的作用。铸铁中石墨碳的抑制作用更为明显。

不同含碳量的钢铁材料在同一热浸镀铝处理工艺条件下得到的铝-铁合金(Fe_2Al_5)相层厚度见表3.4。[19]

表3.4　同一工艺条件下不同材料得到的 Fe_2Al_5 相层厚度

材　　料	工艺条件	Fe_2Al_5相层厚度/mm
20钢		0.28
35钢	760 ℃ 热浸镀铝处理 15 min	0.22
T8钢		0.17
灰口铸铁		0.08

（2）扩散处理阶段

20钢扩散型热浸镀铝层层间含碳量与基体金属含碳量分布曲线见图3.10。

通过对扩散型热浸镀铝层中含碳量进行分层分析,并与基体金属含碳量进行比较,得知:与基体金属平均含碳量相比,扩散型热浸镀铝层含碳量明显降低,在扩散型热浸镀铝层与基体金属界面部位(贫碳层)降至最低点(碳含量仅为0.077%)。究其原因,是铝元素渗入对基体金属中的碳产生排挤作用所致。

同样是因为铝元素渗入对基体金属中的碳产生排挤作用,在贫碳层下往往产生富碳现象。

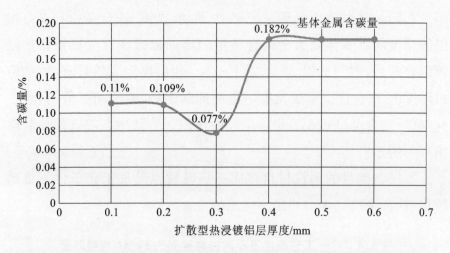

图 3.10   20 钢扩散型热浸镀铝层层间含碳量与基体金属含碳量分布曲线

在同一扩散处理工艺条件下,形成铝-铁合金(Fe_mAl_n)层的厚度与钢中含碳量负相关,这同样说明,碳元素具有一定的抑制铝-铁相互扩散与化合的作用,特别是在钢中含碳量达到 0.8%以上时更为明显。碳素钢中含碳量与形成铝-铁合金层厚度的关系曲线见图 3.11。

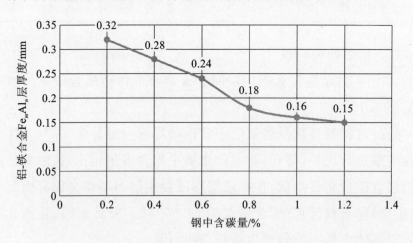

图 3.11   碳素钢中含碳量与形成铝-铁合金层厚度的关系曲线

2. 硅元素的影响

热浸镀铝层形成过程中，$\eta(Fe_2Al_5)$ 相为优先形成相。$\eta(Fe_2Al_5)$ 相形成后，因为 $\eta(Fe_2Al_5)$ 相为斜方点阵，C 轴上的结点被铝原子占据，又因为 C 轴上有较多的空位（30%），有利于铝原子通过 $\eta(Fe_3Al_5)$ 相的晶格高速扩散与生长。但是，当热浸镀铝液中含硅时，由于硅原子也能够占据一些 C 轴空位，从而一定程度地抑制了铝原子扩散进入，降低 $\eta(Fe_2Al_5)$ 相生长速率，这是在同一工艺条件下形成的热浸镀铝-硅层厚度比热浸镀纯铝层厚度较薄的重要原因。[1]

3. 晶格类型与合金元素的影响

从表 3.5[19] 中可以看出，在同一工艺条件下，形成铝-铁合金层的厚度因为晶格类型的不同而不同。除了铝原子在晶体密集系数较大的具有面心立方结构的 γ-Fe 中扩散较慢之外，还与铬-镍不锈钢表层的氧化铬（Cr_2O_3）薄膜阻碍铝、铁原子间扩散与化合作用（有人称之为"抗渗作用"）有关。经验证，Cr_2O_3 涂料隔离层对于铁基金属具有明显的"抗渗效果"。

试验表明，1Cr18Ni9Ti 钢在 750 ℃热浸镀铝 15 min 后只有表面铝覆盖层，没有形成铝-铁合金相层；再经过 900 ℃扩散处理 5 h 后，形成的扩散型热浸镀铝层厚度为 0.04 mm，只有 20 钢所得厚度的 1/9。

表 3.5　同一工艺条件下不同晶格类型金属得到的铝-铁合金相层厚度

材料	晶格类型	铝-铁合金层最大厚度/mm	
		750 ℃热浸镀铝 15 min	750 ℃热浸镀铝 15 min，900 ℃扩散 5 h
20 钢	体心立方	0.28	0.36
2Cr13	体心立方	0.13	0.25
1Cr18Ni9Ti	面心立方	0	0.04

注：1Cr18Ni9Ti 钢 750 ℃热浸镀铝 15 min 后，只有表面铝覆盖层，没有形成铝-铁合金层。

3.2　浸渍型热浸镀铝层显微组织

　　浸渍型热浸镀铝层显微组织是指热浸镀铝处理后(工件出铝液后)直接得到的显微组织。浸渍型热浸镀铝层的显微组织为表面铝覆盖层(外层)+铝铁合金层(内层)。

　　本节叙述的浸渍型热浸镀铝层显微组织主要分为浸渍型热浸镀纯铝层显微组织、浸渍型热浸镀铝-硅层显微组织、浸渍型热浸镀铝-锌-硅层显微组织,共三类。

3.2.1　浸渍型热浸镀铝层显微组织分析

　　1. 浸渍型热浸镀纯铝层显微组织(见图 3.12 至图 3.13、图 3.16 至图 3.23)。

　　浸渍型热浸镀纯铝层显微组织主要分为两层,表层为铝覆盖层,其成分基本与铝液成分(纯铝)相同,其形状为灰白色的点状集合体;内层为铝-铁合金层,主要为 $\eta(Fe_2Al_5)$ 相层,白亮色,呈手指状(或齿状),垂直于金属表面楔入金属基体。

　　2. 浸渍型热浸镀铝-硅层显微组织(见图 3.14 和图 3.24)

　　浸渍型热浸镀铝-硅层显微组织主要分为两层,表层为富铝的铝-硅合金覆盖层,其成分基本与铝液成分(96%Al+4%Si)相同,层间分布有枝叶状的富硅的铝-硅合金相;内层为白色的铝-硅-铁合金层。因为硅元素具有抑制 $\eta(Fe_2Al_5)$ 相生长及扩散的能力,所以 $\theta(FeAl_3)$ 相、$\xi(FeAl_2)$ 相也出现在铝-铁-硅合金层中,铝-铁-硅合金层失去手指状(或齿状)特征,呈现白亮色,楔入金属基体的层厚较薄。

　　3. 浸渍型热浸镀铝-锌-硅层显微组织(见图 3.15 和图 3.25)

　　浸渍型热浸镀铝-锌-硅层显微组织主要分为两层,表面为富铝的铝-锌-硅合金覆盖层,其成分基本与铝液成分(55%Al+43%Zn+2%Si)相同,锌元素的加入抑制了枝叶状的铝-硅合金相形成与生长；内层为铝-锌-硅-铁合金层，合金相成分复杂，其中包括 Fe-Al 化合物（Fe_2Al_5）、Fe-Zn 化合物（$FeZn_{13}$、$FeZn_7$、Fe_3Zn_{10}）等。[18] 由于工艺温度较低，基体金属组织形态在热浸镀铝-锌-硅工艺前后变化不明显。

3.2.2 影响浸渍型热浸镀铝层组织形成的因素

1. 关于铝覆盖层（外层）厚度与表面光洁度

试验表明，浸渍型热浸镀铝层表面覆盖层厚度与表面光洁度形成条件主要与铝液成分、工艺温度、钢铁工件出铝液的方式（是否振动或气吹）和速度相关。

2. 关于铝铁合金层（内层）厚度与特征

实验证明，铝铁合金（内层）厚度形成，因合金成分不同而不同：热浸镀纯铝时形成的铝-铁合金层相对较厚，且多呈现指头状（或齿状）起伏特征；热浸镀铝-硅、铝-锌-硅时分别形成的铝-硅合金层、铝-锌-硅合金层相对较薄；因为硅、锌等元素渗入，抑制铝-铁合金层快速增长，导致合金层分布较均匀，失去手指状（或齿状）起伏特征。

因为铝-铁合金层硬度较高，脆性较大，实际生产中，对于需要后续机械加工的板材或其他零部件，常常通过工艺控制铝-硅类、铝-锌-硅类合金层厚度，或只形成覆盖层而不形成合金层，或形成覆盖层和极薄的合金层。

3. 关于表面铝覆盖层层间金属颗粒夹杂物

浸渍型热浸镀铝层表面铝覆盖层组织均匀性与铝液成分均匀性相关，铝液中存在的金属颗粒夹杂物有时也进入并保留在铝覆盖层中，形成表面铝覆盖层层间金属颗粒夹杂物。

图 3.19(b) 是 40Cr 钢浸渍型热浸镀铝层金相图，在表面铝覆盖层中存在典型的金属颗粒夹杂现象：金属颗粒夹杂物杂乱地分布其中，由于颗粒尺寸较大，一定程度上起到了"挂铝"作用，导致保留

的铝覆盖层较厚。

表面铝覆盖层中存在金属颗粒夹杂物,算不上组织缺陷,只要其层下 Fe_2Al_5 相层连续完整,没有漏镀、孔隙或裂纹等缺陷,就不会影响使用性能。但是,表面铝覆盖层中出现金属颗粒夹杂物,预示热浸镀铝液需要清渣或对铝液温度、成分进行调整,以防止铝液活性下降,影响热浸镀铝质量。

如图 3.20 所示,12CrMoV 钢浸渍型热浸镀铝层表面铝覆盖层中也可清晰地看见白色的金属颗粒夹杂物,但其颗粒尺寸较小,影响不明显。

4. 关于表面铝覆盖层最外表面氧化铝薄膜

浸渍型热浸镀铝层表面铝覆盖层的外表面,因为铝含量高,表面铝原子在空气介质中容易氧化形成致密的氧化铝(Al_2O_3)薄膜。该薄膜一旦破损或脱落,会产生新的表面,新表面铝原子继续氧化形成新的保护膜。这种自动形成保护膜、自动修复保护膜的能力,有人称之为"自动愈合伤口的能力",[20] 以保护铝覆盖层和层下基体金属延长使用寿命。这也是钢铁热浸镀铝工艺的目的所在。

表面铝覆盖层外表面的氧化铝(Al_2O_3)薄膜,其显微形态很难显现。捕捉到的白口铸铁浸渍型热浸镀铝层最外表面的氧化铝薄膜显微形态见图 3.13。氧化铝薄膜经过组织显示并着色处理后为深蓝色。

3.2.3 浸渍型热浸镀铝层金相图

在同一工艺条件(750 ℃,15 min)下获得的各类钢铁的浸渍型热浸镀纯铝层金相图,在 740 ℃,30 s 工艺条件下获得的 08F 钢浸渍型热浸镀铝-硅层金相图,在 680 ℃,30 s 工艺条件下获得的 08F 钢浸渍型热浸镀铝-锌-硅层金相图见图 3.12 至图 3.25(图 3.12 至图 3.14 的彩图见本书最后的插页)。

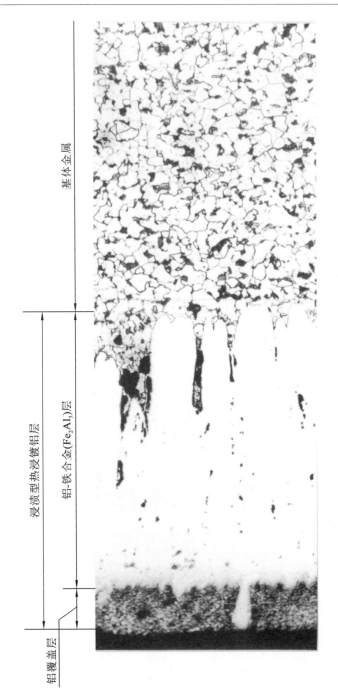

图 3.12 20 钢浸渍型热浸镀铝层金相图 (200×)
(750 ℃,15 min)

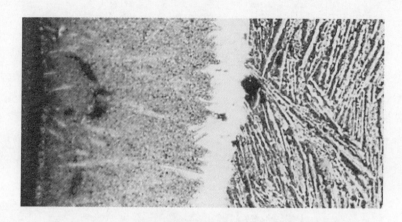

图 3.13　白口铸铁浸渍型热浸镀铝层表面铝覆盖层

外表面氧化铝薄膜金相图(600×)

表面氧化铝薄膜显示为蓝色

(750 ℃,15 min)

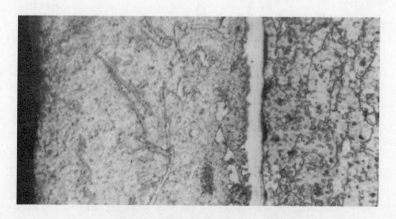

图 3.14　08F 钢浸渍型热浸镀铝-硅层金相图(800×)

(96%Al＋4%Si,740 ℃,30 s)

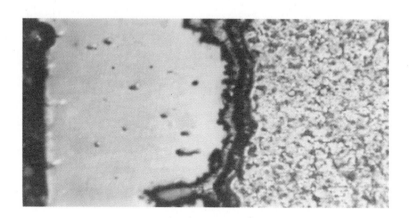

图 3.15 08F 钢浸渍型热浸镀铝-锌-硅层金相图（800×）

（55％Al＋43％Zn＋2％Si,680 ℃,30 s）

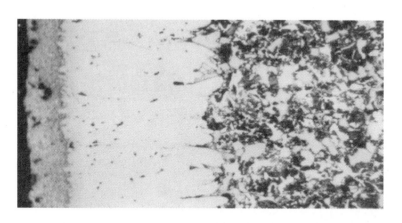

图 3.16 35 钢浸渍型热浸镀铝层金相图（200×）

（750 ℃,15 min）

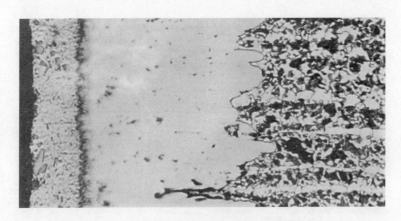

图 3.17　45 钢浸渍型热浸镀铝层金相图（200×）

（750 ℃,15 min）

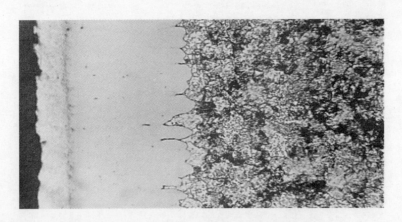

图 3.18　T8 钢浸渍型热浸镀铝层金相图（200×）

（750 ℃,15 min）

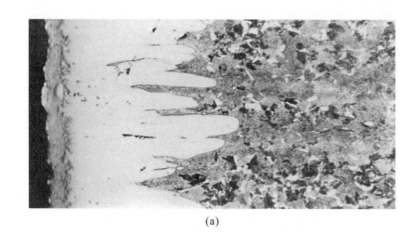

(a)

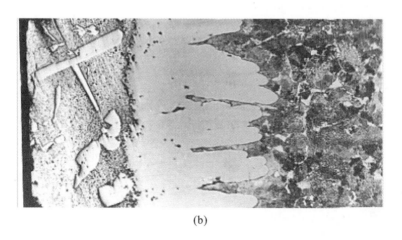

(b)

图 3.19　40Cr 钢浸渍型热浸镀铝层金相图（200×）

（750 ℃,15 min）

（a)无金属颗粒夹杂；(b)有金属颗粒夹杂

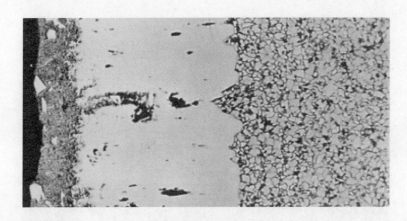

图 3.20　12CrMoV 钢浸渍型热浸镀铝层金相图(200×)

(750 ℃,15 min)

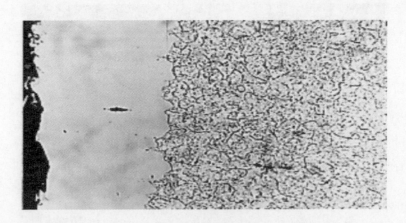

图 3.21　2Cr13 钢浸渍型热浸镀铝层金相图(300×)

表面铝覆盖层与 Fe_2Al_5 相层界面线不明显,显微镜下依然可见

(750 ℃,15 min)

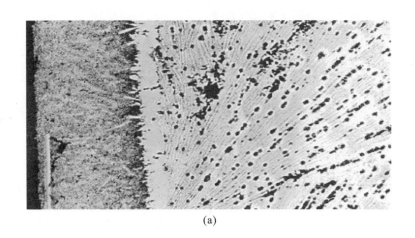

(a)

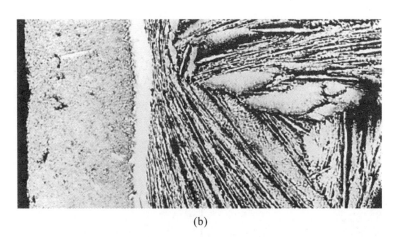

(b)

图 3.22 白口铸铁浸渍型热浸镀铝层金相图(300×)

(750 ℃,15 min)

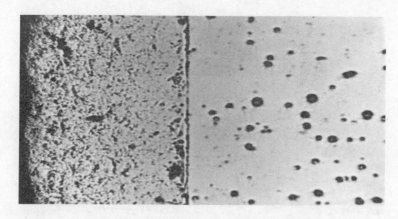

图 3.23　1Cr18Ni9Ti 钢浸渍型热浸镀铝层金相图(300×)

(750 ℃,15 min)

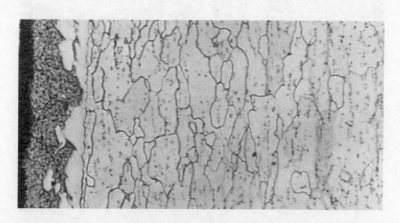

图 3.24　08F 钢浸渍型热浸镀铝-硅层金相图(400×)

(96%Al+4%Si,740 ℃,30 s)

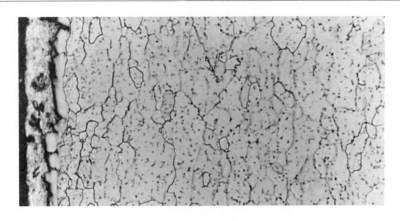

图 3.25　08F 钢浸渍型热浸镀铝-锌-硅层金相图（400×）

（55％Al＋43％Zn＋2％Si,680 ℃,30 s）

3.3　扩散型热浸镀铝层显微组织

扩散型热浸镀铝层显微组织是指热浸镀铝处理＋扩散处理后得到的显微组织。

因为热浸镀铝-硅、热浸镀铝-锌-硅处理后一般不再叠加扩散处理,所以本节叙述的扩散型热浸镀铝层显微组织,是指扩散型热浸镀纯铝层的显微组织。

扩散型热浸镀铝层的显微组织为铝-铁合金外层（多种 Fe_mAl_n 相层）＋铝-铁合金内层（多种 Fe_mAl_n 相层＋多种固溶体相层）。层下是贫碳层,见图 3.26。

3.3.1　扩散型热浸镀铝层显微组织分析

扩散型热浸镀铝层是由浸渍型热浸镀铝层经过扩散处理后转变形成的。扩散型热浸镀铝层组织是在浸渍型热浸镀铝层组织的基础上转变形成的,与浸渍型热浸镀铝层组织相比较有七大变化:

① 表面层变化：表面铝覆盖层因为高温作用而消失（一部分作为铝源渗入基体金属与铁化合形成铝-铁合金，另一部分因为高温熔化流失），转变成铝-铁合金层。

② 厚度变化：铝-铁合金层厚度明显增加，由铝-铁合金外层（一次扩散层转变形成）＋铝-铁合金内层（二次扩散层，扩散处理阶段形成）构成。

③ 组织变化：热浸镀铝处理阶段（一次扩散）形成的单一铝-铁合金相 $\eta(Fe_2Al_5)$ 转变为多种铝-铁合金相（Fe_mAl_n）和多种固溶体（α、β_1、β_2 等）。

④ 界面变化：界面线由曲度较大的手指状（或称齿状）曲线转变为曲度较小的曲线或近似于直线或直线。

⑤ 碳分布变化：在扩散型热浸镀铝层下，界面线与基体金属之间出现贫碳层（因为铝-铁合金形成并扩散时碳元素被排向金属基体所致），检验得知，其碳含量与基体金属相比大约降低 50%，碳含量变化曲线图见图 3.10。扩散型热浸镀铝层中出现颗粒状碳化物和石墨，基体金属含碳量较高时，出现少量的灰色棒状（或针状）的 Al_4C_3 相及 Al_3FeC_x 等铁-铝-碳化合物相。

⑥ 铝浓度变化：在热浸镀铝处理和扩散处理两个阶段都有扩散过程。因为热浸镀铝处理阶段（在铝液中进行）是钢铁表面铝浓度保持不变的扩散过程，而扩散处理阶段（在空气介质中进行）是钢铁表面铝浓度逐步降低的扩散过程，导致扩散型热浸镀铝层与浸渍型热浸镀铝层相比铝浓度相对较低。

⑦ 缺陷增加：因为扩散处理阶段，温度相对较高，时间相对较长，相变因素相对较多，与浸渍型热浸镀铝层相比，扩散型热浸镀铝层中孔隙数量增加，裂纹产生概率增大。

3.3.2 影响扩散型热浸镀铝层组织形成因素

1. 关于扩散型热浸镀铝层外层

由试验得知,扩散型热浸镀铝层中的铝-铁合金外层($Fe_m Al_n$ 相层)是在扩散处理阶段由浸渍型热浸镀铝层中的铝-铁合金层 ($Fe_2 Al_5$ 相层)转变形成,二者层厚基本相同。在扩散处理高温条件下,在由单一的 $Fe_2 Al_5$ 相转变为多种 $Fe_m Al_n$ 相的过程中,由于热应力和相变应力的叠加作用,导致扩散型热浸镀铝层外层孔隙数量增加,产生裂纹的概率增大。

2. 关于扩散型热浸镀铝层内层

扩散型热浸镀铝层中的铝-铁合金内层是在扩散处理阶段进一步扩散形成的,由多种 $Fe_m Al_n$ 相层和多种固溶体相层构成。与外层相比,铝浓度、相层硬度相对较低,扩散型热浸镀铝层内层产生孔隙和裂纹的概率较小。

3. 关于扩散型热浸镀铝层相分布

扩散型热浸镀铝层中的相分布,由表及里,主要为 $\theta(FeAl_3)$、$\xi(FeAl_2)$ 化合物及 $\beta_1(Fe_3 Al)$、$\beta_2(FeAl)$、富铝的 α 固溶体。

在 β_2 相的基体上析出 β_1 相(呈针叶状)是扩散型热浸镀铝层的典型组织特征,其金相形态见图 3.27。

4. 关于扩散型热浸镀铝层与基体金属界面线

在扩散型热浸镀铝层与基体金属界面处有界面线。界面线显示渗入的铝元素到达基体金属的边界,界面线上为热浸镀铝层,界面线下为基体金属。在显微镜观察下,界面线大多数情况下为单线;有时也出现双线。(见本书附录 3 扩散型热浸镀铝层与基体金属界面类型评定法界面类型 C 型图片)。界面线又称重结晶线,是因为热浸镀铝层与基体金属界面在渗入元素的影响下,在降温过程中,在相变作用下,导致母相重结晶产生的结果。

5. 关于贫碳区与富碳区

在界面线下有贫碳层,有人称之为"重结晶线下的贫碳区"。在贫碳层下有不明显的富碳层,有人称之为"富碳区"。[1]

关于扩散型热浸镀铝层下出现的贫碳现象,其机理研究和讨论不多,有人认为"可能与铝的渗入使奥氏体贫碳有关"。[1]贫碳层的形成是因为热浸镀铝处理＋扩散处理工艺条件下,铝原子扩散或铝-铁合金形成过程中,对基体金属产生排碳作用。这一点已经通过试验证明。

贫碳现象在浸渍型热浸镀铝层下不明显。究其原因,主要是因为热浸镀铝处理阶段工艺温度较低、时间较短,排碳作用导致其层下贫碳现象没有充分显现。

与之相伴相随,贫碳层下往往形成富碳层,富碳层碳浓度梯度较小,其显微组织形态特征没有贫碳层明显。贫碳层下的富碳现象,在基体金属为低碳钢时,组织形态反映不太明显,在基体金属为中、高碳钢时,组织形态反映较为明显(见图 3.26)。

3.3.3　扩散型热浸镀铝层金相图

在同一工艺条件(750 ℃热浸镀铝 15 min,900 ℃扩散处理 5 h)下,各类钢铁的扩散型热浸镀铝层金相图见图 3.26 至图 3.37。图 3.26 至图 3.28 的彩图见本书最后的插页。

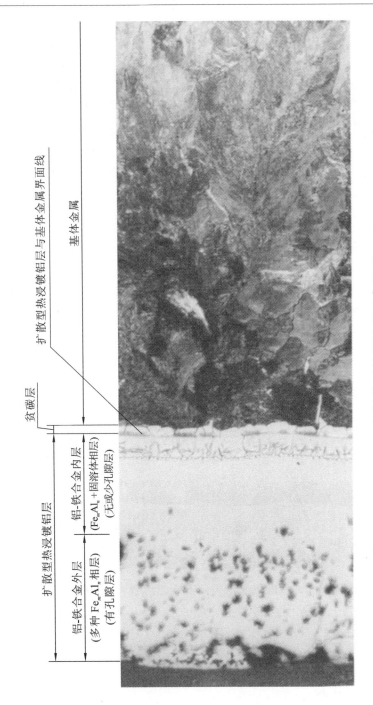

图 3.26 T8 钢扩散型热浸镀铝层金相图 （200×）
（750 ℃热浸镀铝15 min，900 ℃扩散5 h）

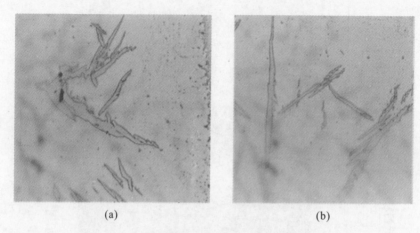

(a)　　　　　　　　　　　　　(b)

图 3.27　扩散型热浸镀铝层中的 β_1 相（8000×）

β_1（Fe_3Al）相多呈针叶状，是典型的扩散型热浸镀铝层显微组织特征之一

图 3.28　1Cr18Ni9Ti 钢扩散型热浸镀铝层金相图（1064×）

（750 ℃热浸镀铝 15 min，900 ℃扩散 5 h）

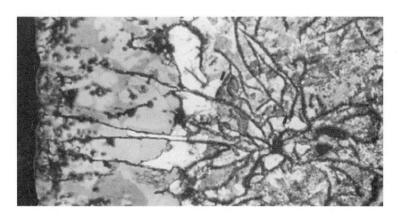

图 3.29　灰口铸铁扩散型热浸镀铝层金相图（400×）

（750 ℃热浸镀铝 15 min,900 ℃扩散 5 h）

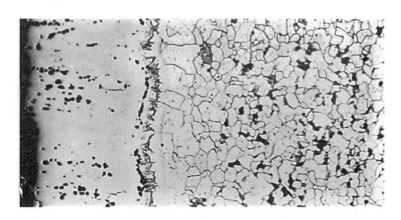

图 3.30　20 钢扩散型热浸镀铝层金相图（150×）

（750 ℃热浸镀铝 15 min,900 ℃扩散 5 h）

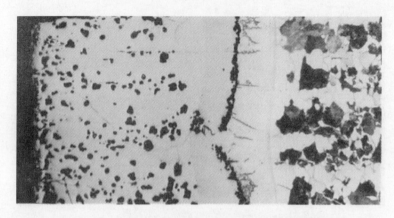

图 3.31　35 钢扩散型热浸镀铝层金相图（200×）

（750 ℃热浸镀铝 15 min,900 ℃扩散 5 h）

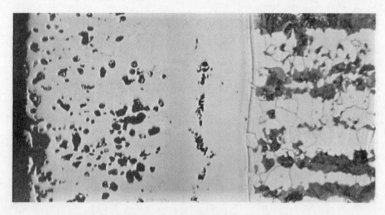

图 3.32　20Cr 钢扩散型热浸镀铝层金相图（200×）

（750 ℃热浸镀铝 15 min,900 ℃扩散 5 h）

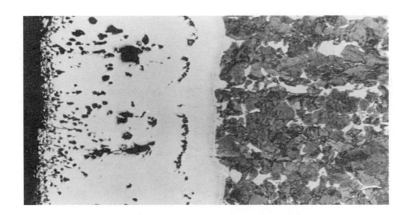

图 3.33 40Cr 钢扩散型热浸镀铝层金相图（200×）

（750 ℃热浸镀铝 15 min,900 ℃扩散 5 h）

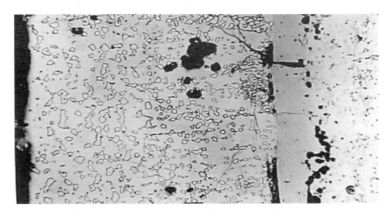

图 3.34 1Cr13 钢扩散型热浸镀铝层金相图（400×）

（750 ℃热浸镀铝 15 min,900 ℃扩散 5 h）

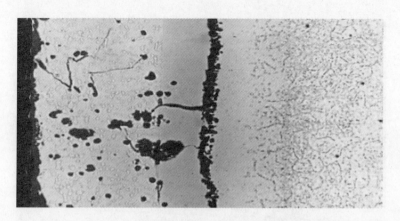

图 3.35　2Cr13 钢扩散型热浸镀铝层金相图(300×)

(750 ℃热浸镀铝 15 min,900 ℃扩散 5 h)

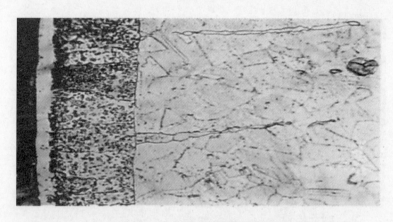

图 3.36　1Cr18Ni9Ti 钢扩散型热浸镀铝层金相图(532×)

(750 ℃热浸镀铝 15 min,900 ℃扩散 5 h)

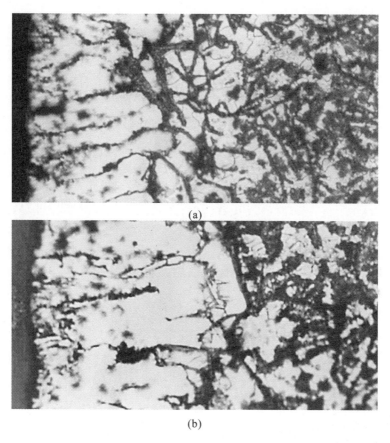

(a)

(b)

图 3.37　灰口铸铁扩散型热浸镀铝层组织特征(400×)

(750 ℃热浸镀铝 15 min,900 ℃扩散 5 h)

(a)铝-铁合金外层(化合物层)中热浸镀铝阶段形成的 Fe_2Al_5 相层(手指状)留有痕迹;

(b)铝-铁合金内层(固溶体相层)中 β_1(Fe_3Al)相的针叶状特征显现

20 钢热浸镀铝层显微组织

由于 20 钢冷加工性能、焊接性能较好,以 20 钢为基体金属的热浸镀铝材料应用较为普遍,本章将专题介绍各工艺条件下的 20 钢浸渍型和扩散型热浸镀铝层显微组织及其特征。

4.1　20 钢浸渍型热浸镀铝层显微组织

4.1.1　20 钢浸渍型热浸镀铝层显微组织特征

20 钢浸渍型热浸镀铝层显微组织外层为铝覆盖层,内层为铝-铁合金相层。其标准组织见图 4.1。[1]

图 4.1(a)是 20 钢浸渍型热浸镀铝层铝浓度分布金相图(显示剂为 1％氢氟酸水溶液,基体金属组织未显示)。表面铝覆盖层为纯铝,其形状为灰白色的点状集合体;内层为铝-铁合金(Fe_2Al_5)相层,呈手指状(或齿状),垂直于金属表面楔入基体金属。

图 4.1(b)是 20 钢浸渍型热浸镀铝层显微组织金相图(显示剂为 3％硝酸酒精溶液,基体金属组织为铁素体＋珠光体)。表面铝覆盖层为纯铝(铁的溶解度仅为 0.06％),其形状为灰白色的点状集合体;内层为手指状(或齿状)的铝-铁合金(Fe_2Al_5)相层。铝-铁合金(Fe_2Al_5)相层下无固溶体层,碳元素无明显的再分布现象。

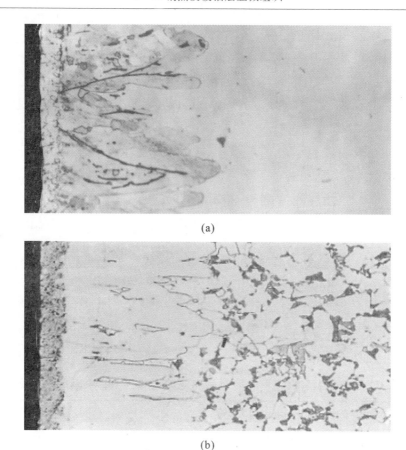

(a)

(b)

图 4.1 20 钢浸渍型热浸镀铝层铝浓度分布及金相图

(a)铝浓度分布,160×;(b)显微组织,200×

4.1.2 20 钢浸渍型热浸镀铝层厚度控制

厚度是衡量浸渍型热浸镀铝层质量的重要指标,浸渍型热浸镀铝层厚度包括表面铝覆盖层厚度与铝-铁合金(Fe_2Al_5)层厚度之和。

浸渍型热浸镀铝层厚度形成与铝液温度、铝液中铝原子活性、钢铁表面吸收状态密切相关。在以上三项因素一定的条件下,表面铝覆盖层厚度的形成条件主要与钢铁工件出铝液的方式(是否振动或气吹)及速度相关;铝覆盖层下的铝-铁合金(Fe_2Al_5)层厚度形成主要与热浸镀铝时间相关。

因为浸渍型热浸镀铝层表面铝覆盖层致密性好,特别是在中低温条件下耐腐蚀性能良好,有的浸渍型热浸镀铝产品只要求铝覆盖层厚度,不要求铝-铁合金(Fe_2Al_5)层厚度,甚至为了便于后续机械加工,明确要求铝-铁合金(Fe_2Al_5)层厚度为零,即只形成铝覆盖层,不形成铝-铁合金(Fe_2Al_5)层。

实际生产中,可根据浸渍型热浸镀铝层厚度[铝覆盖层和铝-铁合金(Fe_2Al_5)相层厚度之和]指标要求或根据浸渍型热浸镀铝层中的铝-铁合金(Fe_2Al_5)相层厚度指标要求选择热浸镀铝工艺时间。

4.1.3 各工艺条件下 20 钢浸渍型热浸镀铝层厚度与金相组织

20 钢在同一温度(750 ℃),不同热浸镀铝时间得到不同的铝-铁合金(Fe_2Al_5)相层厚度见表 4.1,其相应的金相显微组织见图 4.2 至图 4.7。

表 4.1 同一温度(750 ℃)不同时间形成的铝-铁合金(Fe_2Al_5)相层厚度

热浸镀铝时间/min	2	6	8	10	12	20
Fe_2Al_5 相层厚度/mm	0.050	0.075	0.080	0.110	0.125	0.140

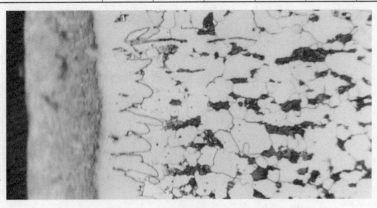

图 4.2 20 钢浸渍型热浸镀铝层金相图(300×)

(750 ℃,2 min,Fe_2Al_5 相层厚 0.050 mm)

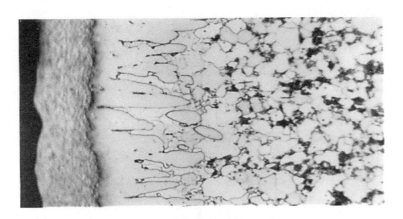

图 4.3 20 钢浸渍型热浸镀铝层金相图(300×)

(750 ℃,6 min,Fe$_2$Al$_5$ 相层厚 0.075 mm)

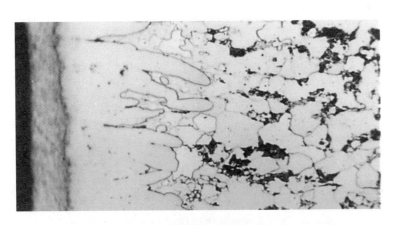

图 4.4 20 钢浸渍型热浸镀铝层金相图(300×)

(750 ℃,8 min,Fe$_2$Al$_5$ 相层厚 0.080 mm)

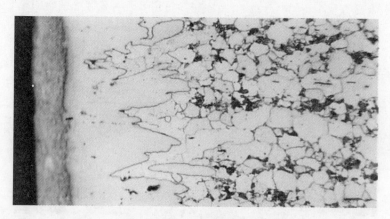

图 4.5　20 钢浸渍型热浸镀铝层金相图(300×)

(750 ℃,10 min,Fe$_2$Al$_5$相层厚 0.110 mm)

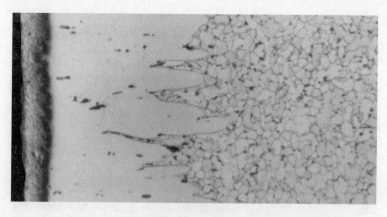

图 4.6　20 钢浸渍型热浸镀铝层金相图(300×)

(750 ℃,12 min,Fe$_2$Al$_5$相层厚 0.125 mm)

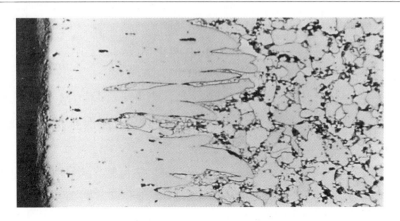

图 4.7　20 钢浸渍型热浸镀铝层金相图(300×)

(750 ℃,20 min,Fe₂Al₅ 相层厚 0.140 mm)

4.2　20 钢扩散型热浸镀铝层显微组织

4.2.1　20 钢扩散型热浸镀铝层显微组织特征

20 钢扩散型热浸镀铝层分为铝-铁合金外层和铝-铁合金内层。铝-铁合金外层为多种化合物($Fe_m Al_n$)相层(一次扩散形成);铝-铁合金内层为多种化合物($Fe_m Al_n$)和多种固溶体(α、β_1、β_2)相层(二次扩散形成)。

扩散型热浸镀铝层质量控制指标主要有 4 项:厚度、孔隙、裂纹、界面类型。关于孔隙、裂纹、界面类型,将分别在第 5、6、7 章专题论述。

4.2.2　20 钢扩散型热浸镀铝层厚度控制

扩散型热浸镀铝层厚度是指铝-铁合金外层与内层厚度之和(表面铝覆盖层完全消失)。扩散型热浸镀铝层厚度并不是越厚越好,应根据具体使用环境来选择厚度指标。

关于扩散型热浸镀铝层厚度的获取与指标控制,必须清晰认识如下关系：

  ① 热浸镀铝层增厚与铝浓度下降的关系。

  ② 热浸镀铝层增厚与缺陷相应增加的关系。

  ③ 热浸镀铝处理阶段增厚（一次扩散增厚）与扩散处理阶段增厚（二次扩散增厚）和预留工件使用阶段增厚（三次扩散增厚）空间的关系。

  一次扩散增厚效率最高；二次扩散增厚与缺陷增加的利弊关系必须权衡度量；三次扩散增厚应当留有余地。

  热浸镀铝处理工艺条件确定后，必须在经过工艺试验、生产实践和产品质量检验的基础上优选确定扩散处理工艺条件。

  确定扩散处理工艺条件，必须遵守保证热浸镀铝层厚度、减少热浸镀铝层缺陷（主要是孔隙和裂纹）、保障基体金属强度、有利于节能降耗四项原则。

  扩散处理温度与时间是关系到扩散型热浸镀铝层厚度及其他质量指标的关键因素。

4.2.3　各工艺条件下 20 钢扩散型热浸镀铝层厚度与金相组织

  1. 20 钢在 750 ℃热浸镀铝 15 min 后，在同一扩散处理时间（5 h）、不同扩散处理温度形成的扩散型热浸镀铝层厚度和相应的金相显微组织分别见表 4.2 和图 4.8 至图 4.16。

表 4.2　同一时间（5 h）不同温度形成的扩散型热浸镀铝层厚度

扩散处理温度/℃	750	800	850	900	950	1000	1100	1200	1300
热浸镀铝层厚度 δ/mm	0.23	0.32	0.37	0.41	0.42	0.49	0.72	1.23	1.57

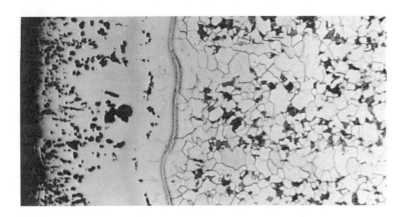

图 4.8　20 钢扩散型热浸镀铝层金相图（150×）

（750 ℃热浸镀铝 15 min，750 ℃扩散 5 h，$\delta=0.23$ mm）

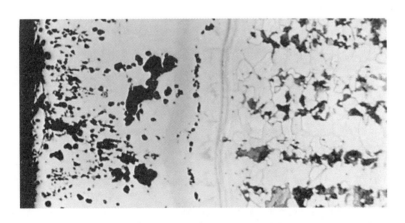

图 4.9　20 钢扩散型热浸镀铝层金相图（150×）

（750 ℃热浸镀铝 15 min，800 ℃扩散 5 h，$\delta=0.32$ mm）

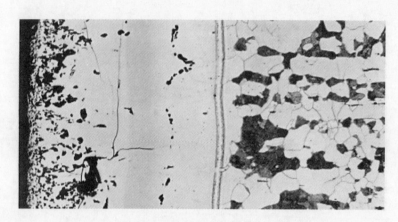

图 4.10　20 钢扩散型热浸镀铝层金相图(150×)

(750 ℃热浸镀铝 15 min,850 ℃扩散 5 h,δ=0.37 mm)

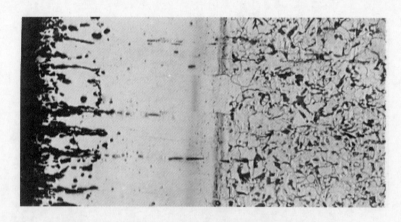

图 4.11　20 钢扩散型热浸镀铝层金相图(113×)

(750 ℃热浸镀铝 15 min,900 ℃扩散 5 h,δ=0.41 mm)

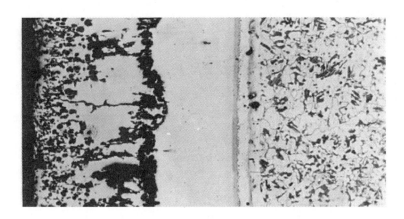

图 4.12　20 钢扩散型热浸镀铝层金相图(113×)

(750 ℃热浸镀铝 15 min,950 ℃扩散 5 h,$\delta=0.42$ mm)

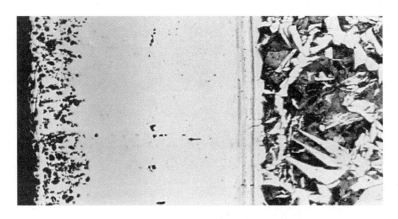

图 4.13　20 钢扩散型热浸镀铝层金相图(113×)

(750 ℃热浸镀铝 15 min,1000 ℃扩散 5 h,$\delta=0.49$ mm)

图 4.14　20 钢扩散型热浸镀铝层金相图（100×）
（750 ℃热浸镀铝 15 min,1100 ℃扩散 5 h,$\delta=0.72$ mm）

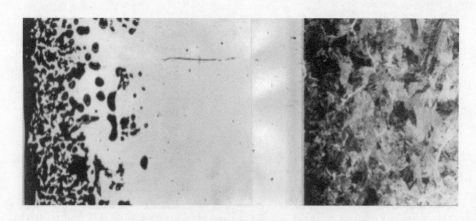

图 4.15　20 钢扩散型热浸镀铝层金相图（100×）
（750 ℃热浸镀铝 15 min,1200 ℃扩散 5 h,$\delta=1.23$ mm）

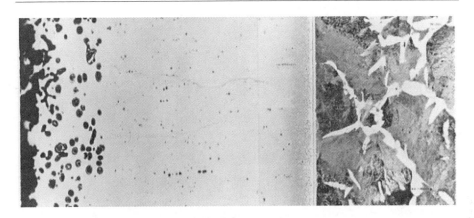

图 4.16   20 钢扩散型热浸镀铝层金相图（75×）

（750 ℃热浸镀铝 15 min，1300 ℃扩散 5 h，$\delta=1.57$ mm）

2. 20 钢在 750 ℃热浸镀铝 15 min 后，在同一扩散处理温度（900 ℃）、不同扩散处理时间形成的扩散型热浸镀铝层厚度和相应的金相组织分别见表 4.3 和图 4.17 至图 4.24。

表 4.3   同一温度（900 ℃）不同时间形成的扩散型热浸镀铝层厚度

扩散处理时间/h	1	2	3	4	6	12	14	60
热浸镀铝层厚度 δ/mm	0.23	0.29	0.30	0.32	0.35	0.37	0.38	0.42

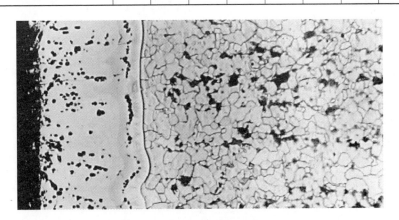

图 4.17   20 钢扩散型热浸镀铝层金相图（150×）

（750 ℃热浸镀铝 15 min，900 ℃扩散 1 h，$\delta=0.23$ mm）

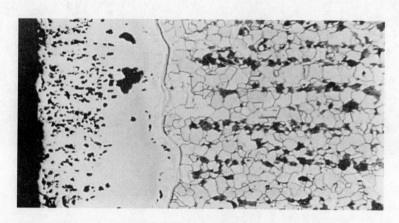

图 4.18　20 钢扩散型热浸镀铝层金相图(150×)

(750 ℃热浸镀铝 15 min,900 ℃扩散 2 h,δ=0.29 mm)

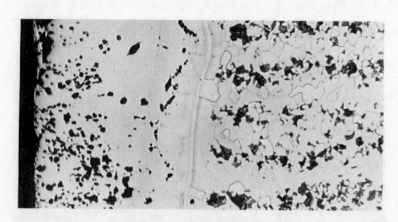

图 4.19　20 钢扩散型热浸镀铝层金相图(150×)

(750 ℃热浸镀铝 15 min,900 ℃扩散 3 h,δ=0.30 mm)

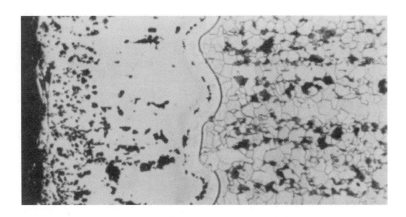

图 4.20　20 钢扩散型热浸镀铝层金相图(150×)

(750 ℃热浸镀铝 15 min,900 ℃扩散 4 h,δ＝0.32 mm)

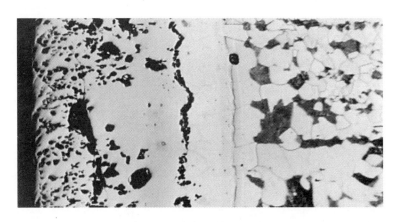

图 4.21　20 钢扩散型热浸镀铝层金相图(150×)

(750 ℃热浸镀铝 15 min,900 ℃扩散 6 h,δ＝0.35 mm)

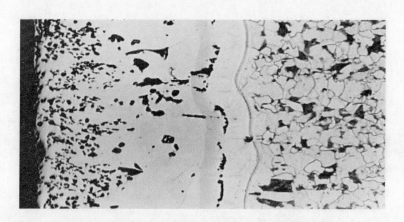

图 4.22　20 钢扩散型热浸镀铝层金相图(150×)

(750 ℃热浸镀铝 15 min,900 ℃扩散 12 h,δ=0.37 mm)

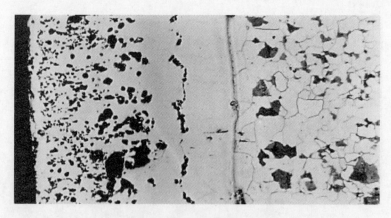

图 4.23　20 钢扩散型热浸镀铝层金相图(150×)

(750 ℃热浸镀铝 15 min,900 ℃扩散 14 h,δ=0.38 mm)

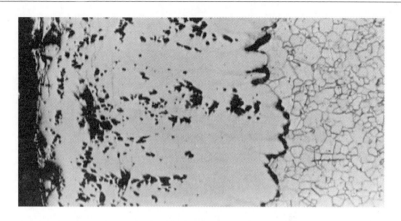

图 4.24　20 钢扩散型热浸镀铝层金相图（150×）

（750 ℃热浸镀铝 15 min,900 ℃扩散 60 h,δ=0.42 mm）

热浸镀铝层孔隙及其特征

在热浸镀铝工艺过程中，铝铁原子之间存在互扩散现象（有人称之为柯肯达尔效应 Kirkendall effect[1,21]）。因为铝铁原子扩散速率的差异，在铝-铁合金层中不可避免地会产生孔隙，又因为铝铁原子之间的扩散属于置换型扩散，置换型扩散产生孔隙的尺寸比间隙型扩散产生孔隙的尺寸相对较大，所以，与渗碳、氮、硼工艺相比，热浸镀铝工艺产生的孔隙尺寸相对较大、数量相对较多。

热浸镀铝层中产生孔隙的尺寸、数量及分布与热浸镀铝液的化学成分、扩散处理工艺相关，也与基体金属材料的化学成分与组织结构相关。

热浸镀铝层孔隙级别大小、数量多少、分布层深直接影响热浸镀铝制品的焊接性能、耐热性能、耐腐蚀性能及其他使用性能与使用寿命。

5.1 浸渍型热浸镀铝层孔隙及其特征

由于热浸镀铝处理阶段工艺温度较低、时间较短，所以浸渍型热浸镀铝层中产生孔隙的数量较少、尺寸较小。如果孔隙产生在铝覆盖层与基体金属界面，则直接造成浸渍型热浸镀铝层局部"漏镀"缺陷，间接造成扩散型热浸镀铝层"漏渗"缺陷。考虑到浸渍型热浸镀铝层孔隙现象及危害程度并不严重，所以，没有将其作为重要质量指标加以控制。

浸渍型热浸镀铝层孔隙形貌特征见图 5.1。

图 5.1(a)为 1Cr18Ni9T 钢浸渍型热浸镀铝层孔隙特征金相图,孔隙位于铝覆盖层与基体金属界面。基体金属组织未显示。

图 5.1(b)为 20 钢浸渍型热浸镀铝层孔隙特征金相图,孔隙位于铝-铁合金相层(手指状的 Fe_2Al_5 相层及相界面)。基体金属组织未显示。

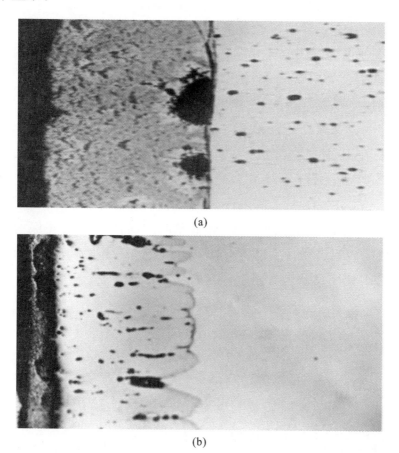

(a)

(b)

图 5.1　浸渍型热浸镀铝层孔隙形貌特征

(a)孔隙位于铝覆盖层与铁基金属界面(200×);

(b)孔隙位于 Fe_2Al_5 相层及相界面(100×)

5.2　扩散型热浸镀铝层孔隙及其特征

由于扩散处理阶段工艺温度较高、时间较长,所以扩散型热浸镀铝层中产生孔隙的数量相对较多、尺寸相对较大。

关于扩散型热浸镀铝层中孔隙形成原因,理论分析较多,实际举证较少。本章介绍通过大量试验观察到的三个重要现象:

① 如第 3 章图 3.5 和图 3.6(b)所示,在扩散型热浸镀铝层中的铝-铁合金外层($Fe_m Al_n$ 相层)中铝元素呈颗粒状分布,同时也在其周围留下颗粒状空间,孔隙的形成可能与空间内铁元素高温氧化形成有关。孔隙处是铝元素空位处,也可能是铁元素空位处。

② 在铝-铁合金外层中,如图 5.2 所示,扩散型热浸镀铝层中有孔隙层厚度大致与浸渍型热浸镀铝层中 $Fe_2 Al_5$ 相层厚度相当［见图 5.2(a)］,在浸渍型热浸镀铝层转变为扩散型热浸镀铝层的过程中,在 $Fe_2 Al_5$ 相层与基体金属界面容易产生孔隙并保留在扩散型热浸镀铝层中。从图 5.2(b)中可以看出,孔隙构成网络,且保留 $Fe_2 Al_5$ 相层形状。

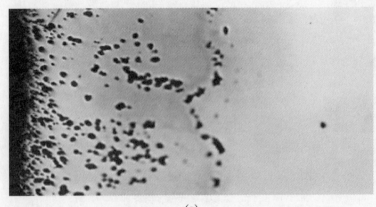

(a)

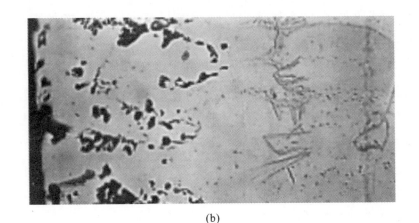

(b)

图 5.2　20 钢扩散型热浸镀铝层孔隙特征

(a)孔隙在 Fe_2Al_5 相界面产生,孔隙层厚度与 Fe_2Al_5 相层厚度相当(200×);

(b)孔隙在 Fe_2Al_5 相界面产生,构成网络,形状与 Fe_2Al_5 相层形状相似(200×)

③ 在铝-铁合金内层中,因为固溶体形成过程中相变硬化程度相对较低,固溶体形成后相层硬度也相对较低,故产生孔隙的概率较低或产生孔隙的数量较少。

工艺试验证明,孔隙数量、尺寸与扩散处理温度正相关,当扩散处理温度高于 950 ℃以上时,孔隙显著增加。

生产实际中,扩散工艺温度选择在 900 ℃左右为佳,GB/T 18592 标准规定一般扩散保温温度为 850～930 ℃,目的在于减少孔隙产生,并预防孔隙程度加剧。

对于扩散型热浸镀铝层而言,孔隙级别评定是一个非常重要的质量指标。

GB/T 18592 标准附录 B 规定了扩散型热浸镀铝层孔隙级别显微镜评定方法(见本书附录 1)。

孔隙级别评定以"最大孔径""是否构成网络"为判据。规定孔隙级别分为 1～6 级,其中,1～3 级合格,4～6 级不合格。这是对产品的一般要求。考虑到热浸镀铝制品应用范围广,对质量要求也有所不同,可以根据产品使用条件适当提高或降低合格级别,但应在产品订货技术条件中明确规定。

考虑到热浸镀铝层对基体金属的可靠保护,并规定"有孔隙层厚度不得大于热浸镀铝层厚度的四分之三",意在要求扩散型热浸镀铝层与基体金属之间必须有致密的保护层,以有效防止高温氧化或腐蚀气氛通过孔隙进入基体金属。

应注意的是,扩散型热浸镀铝层中有时会出现颗粒状的石墨或碳化物,其形貌与孔隙相似,评判时应注意加以区别。必要时,可采用偏振光照明,以便区别。

扩散型热浸镀铝层孔隙观察与级别评定用试样,应以机械方法冷态切取,孔隙观察与级别评定在垂直于热浸镀铝层的横截面抛光态进行。

扩散型热浸镀铝层孔隙评级图及评级方法见 GB/T 18592 标准附录 B(本书附录 1)。

扩散型热浸镀铝层孔隙形貌特征见图 5.3。

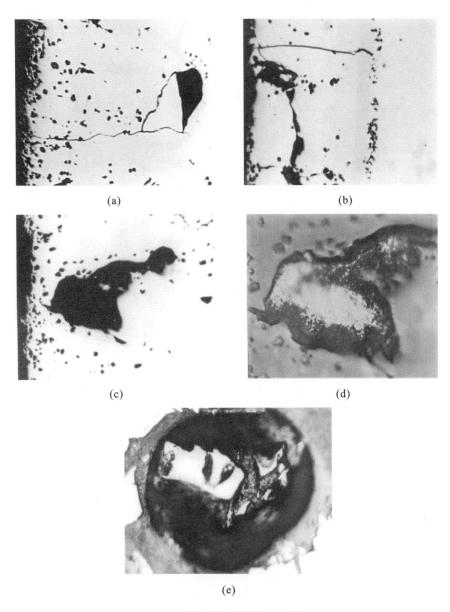

(a)   (b)

(c)   (d)

(e)

图 5.3 扩散型热浸镀铝层孔隙特征

(a),(b)层间孔隙与裂纹并存(200×);(c)层间特大孔隙(200×);

(d)为(c)图局部放大(400×);(e)层间孔隙中可见金属夹杂物(600×)

热浸镀铝层裂纹及其特征

在热浸镀铝工艺过程中,因为铝、铁及其他原子的扩散与化合,产生相变、硬化等,导致铝-铁合金层产生裂纹的概率较大。裂纹的长度与数量、分布的状态及层深,与热浸镀铝液的化学成分、扩散处理工艺有关,也与基体金属材料的化学成分与组织结构有关。裂纹级别大小、数量多少、分布层深直接影响热浸镀铝制品的焊接性能、耐热性能、耐腐蚀性能及其他使用性能与使用寿命。

6.1 浸渍型热浸镀铝层裂纹及其特征

热浸镀铝处理阶段,由于工艺温度较低、时间较短,浸渍型热浸镀铝层产生裂纹的概率相对较小。

铝覆盖层与铝-铁合金(Fe_2Al_5)层相比,产生裂纹的概率更小。但是,如果热浸镀铝液中出现化学成分偏析,或者是铁含量较高,也会导致裂纹产生。因为热浸镀铝液中铁含量较高时,钢铁表面镀上的不是纯铝,而是铝-铁合金,导致在铝、铁原子间扩散与化合物形成过程中,相变硬化加剧,脆性增加,产生裂纹。

考虑到浸渍型热浸镀铝层裂纹现象并不常见,危害程度并不严重,一般情况下,没有将其作为重要指标加以控制。

浸渍型热浸镀铝层裂纹可能出现在铝覆盖层、铝-铁合金(Fe_2Al_5)层、铝-铁合金(Fe_2Al_5)层与基体金属界面,见图 6.1。

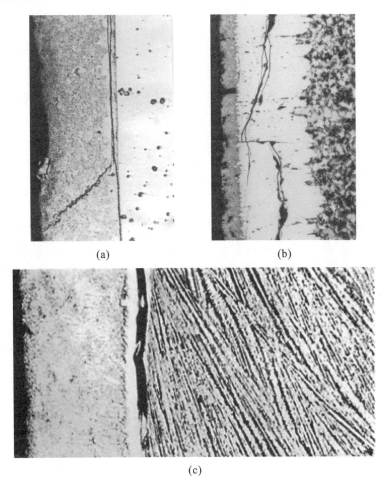

（a）　　　　　　　　　　　（b）

（c）

图 6.1　浸渍型热浸镀铝层裂纹形貌（200×）

（a）裂纹分布在铝覆盖层及界面；（b）裂纹分布在铝-铁合金（Fe_2Al_5）层中；

（c）裂纹分布在铝-铁合金（Fe_2Al_5）层与基体金属界面

6.2　扩散型热浸镀铝层裂纹及其特征

扩散处理阶段，工艺温度较高、时间较长，导致扩散型热浸镀铝层[主要是指铝-铁合金（Fe_mAl_n）相层]产生裂纹的概率相对较大，裂纹的数量相对较多，尺寸相对较大。因此，对于扩散型热浸镀铝层而言，裂纹级别评定是一个非常重要的质量指标。

GB/T 18592 标准规定了扩散型热浸镀铝层裂纹级别显微镜评定方法。

裂纹级别评定以"单位面积内裂纹总长度""裂口宽度""是否构成网络"为判据。

考虑到热浸镀铝层对基体金属的可靠保护，故要求扩散型热浸镀铝层与基体金属之间必须有致密的保护层，以有效防止高温氧化或腐蚀气氛通过裂纹进入基体金属。GB/T 18592 标准规定"裂纹分布深度不得大于热浸镀铝层厚度的四分之三"。

扩散型热浸镀铝层裂纹级别评定分为两个系列进行：

甲系列裂纹分为 0～6 级，一般规定 0～3 级合格，4～6 级不合格，适用于碳素钢和低合金钢的扩散型热浸镀铝层裂纹级别评定。

乙系列裂纹分为 1～7 级，一般规定 1～4 级合格，5～7 级不合格，适用于中高合金钢的扩散型热浸镀铝层裂纹级别评定。

评定结果以最大裂纹级别表示。

由于热浸镀铝产品使用范围较广，使用要求不一，可以根据产品使用条件适当提高或降低合格级别，但应在产品订货技术条件中明确规定。

扩散型热浸镀铝层裂纹观察与级别评定用试样，应以机械方法冷态切取，裂纹观察与级别评定在垂直于热浸镀铝层的横截面抛光态进行。

扩散型热浸镀铝层裂纹评级图见 GB/T 18592 标准附录 C（本书附录 2）。

扩散型热浸镀铝层裂纹形貌特征见图 6.2。

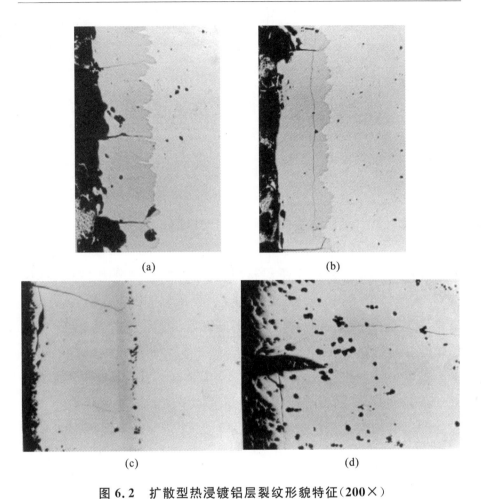

(a)　　　　　　　　　　　(b)

(c)　　　　　　　　　　　(d)

图 6.2　扩散型热浸镀铝层裂纹形貌特征(200×)

(a) 裂纹平行分布在铝-铁合金层中；(b)裂纹平行或垂直分布在铝-铁合金层中；

(c) 铝-铁合金层中的微裂纹；(d)铝-铁合金层中的裂口及裂纹

7 热浸镀铝层与基体金属界面特征

结合金相显微组织分析和热浸镀铝层剥落试验(见第2章热浸镀铝层附着力检查),发现热浸镀铝层和基体金属结合性能与其界面线形状相关。界面线为曲线时,结合性能较好,不易剥落;界面线为直线时,结合性能较差,容易剥落。

浸渍型热浸镀铝层在覆层材料为纯铝时,多以手指状(或称齿状)嵌入基体金属,界面线多为曲线,一般不会呈现直线形状。在覆层材料为铝-硅或铝-锌-硅时,可能出现近于直线形状,但由于合金层较薄,脆性敏感度较低,不易剥落,故不作为研究重点。

本章专题论述扩散型热浸镀铝层与基体金属界面及界面线特征。

试验证明,扩散型热浸镀铝层与基体金属界面线形状主要与扩散处理温度相关。当扩散处理温度低于900 ℃时,界面线形状多为曲线;当扩散处理温度为950~1000 ℃时,界面线形状接近于直线;当扩散处理温度超过1000 ℃时,界面线形状多为直线。

试验证明,界面线形状特征与基体金属过热组织特征相关联(见第4章图4.13至图4.16)。分析扩散型热浸镀铝层与基体金属界面线形状特征也是评价扩散处理工艺是否规范的方法之一。

扩散型热浸镀铝层界面类型评定是从金相角度根据扩散型热浸镀铝层与基体金属界面线形状来评价扩散型热浸镀铝层与基体金属结合性能的质量控制指标。根据 GB/T 18592 标准,界面线形状特征分为 A、B、C、D、E 五种类型。

试验证明,扩散型热浸镀铝层与基体金属结合性能以曲面结合

（界面线为曲线）为佳，平面结合（界面线为直线）较差。结合性能由
A 型至 E 型逐渐降低，E 型结合性能较差，为受力使用状态不允
许，故"原则上规定 A 型、B 型、C 型合格，E 型不合格。D 型合格
与否，可根据产品使用条件由用户与生产厂商定"，并预先在产品订
货技术条件中做出明确规定。

扩散型热浸镀铝层界面类型分型图见 GB/T 18592 附录 D（见
本书附录 3），界面类型参考图见图 7.1。

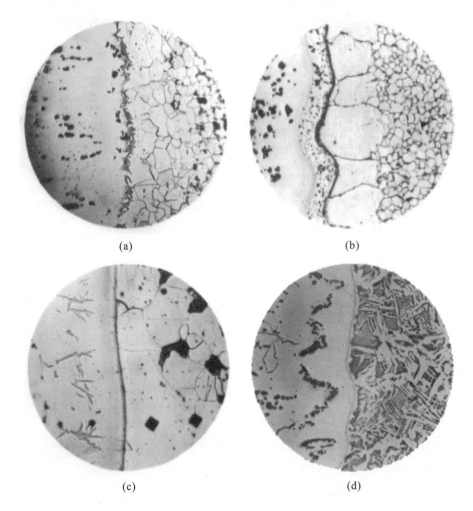

(a)   (b)

(c)   (d)

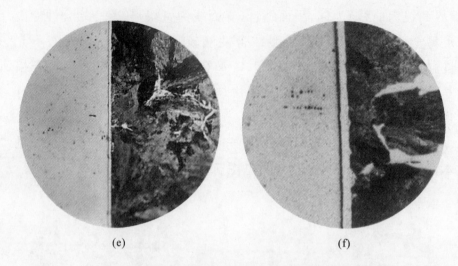

(e)　　　　　　　　　　　　　　　　(f)

图 7.1　20 钢扩散型热浸镀铝层与基体金属界面类型参考图(200×)

(a) 850 ℃,3 h;(b) 900 ℃,5 h;(c) 950 ℃,5 h;
(d) 1000 ℃,3 h;(e) 1200 ℃,5 h;(f) 1300 ℃,5 h

图 7.1(a)中扩散处理工艺为 850 ℃,3 h。界面线上连续分布有 β_1(Fe$_3$Al)相;界面线下可见脱碳层,但分层不明显。基体金属为正常的铁素体＋珠光体组织。铝-铁合金层(左)与基体金属(右)结合性能较好。

图 7.1(b)的扩散处理工艺为 900 ℃,5 h。界面线清晰显现,界面线形状为曲线,且曲度较大,界面线下脱碳层明显,脱碳层晶粒与基体金属相比明显长大。基体金属为正常的铁素体和珠光体组织。铝-铁合金层(左)与基体金属(右)结合性能较好。

图 7.1(c)的扩散处理工艺为 950 ℃,5 h。界面线清晰显现,界面线下脱碳层明显,从显微硬度试验留下的印痕判断,铝-铁合金层硬度与基体金属相比明显提高。基体金属为正常的铁素体和珠光体组织。铝-铁合金层(左)与基体金属(右)结合性能较好。

图 7.1(d)的扩散处理工艺为 1000 ℃,3 h。界面线清晰显现,

界面线形状为曲线,但曲度较小,界面线下脱碳层不明显,但可分辨。基体金属为过热的魏氏组织(1～2级)。铝-铁合金层(左)与基体金属(右)结合性能尚可。

图7.1(e)的扩散处理工艺为1200 ℃,5 h。界面线清晰显现,界面线形状为直线,界面线下脱碳层明显,脱碳层下发现富碳区。基体金属为过热的魏氏组织。铝-铁合金层(左)与基体金属(右)结合性能较差。

图7.1(f)的扩散处理工艺为1300 ℃,5 h。界面线清晰显现,界面线形状为直线,界面线下脱碳层明显,脱碳层厚度与图7.1(e)相比进一步增加,脱碳层下发现富碳区。基体金属为过热的魏氏组织,铁素体网络特别粗大。铝-铁合金层(左)与基体金属(右)结合性能较差。

热浸镀铝材料焊接组织与性能

热浸镀铝材料,特别是扩散型热浸镀铝材料,大都选择焊接连接,其焊接性能是决定该材料推广应用的关键因素之一。

热浸镀铝材料(以下简称渗铝钢),由于表面热浸镀铝层组织、成分、熔点、导热性能与基体金属和焊缝金属差异较大,给焊接性能带来较大影响。实际应用中,渗铝钢与渗铝钢、渗铝钢与不锈钢焊接案例较多,本章重点介绍使用 A132、A302 不锈钢焊条和"渗107""渗 207"渗铝钢专用焊条,焊接 20 渗铝钢与 20 渗铝钢、20 渗铝钢与 1Cr18Ni9Ti 钢焊接接头的组织特征与机械性能[22]。

8.1 组 织 特 征

8.1.1 渗铝钢与渗铝钢焊接接头的组织特征

1. 使用 A132 不锈钢焊条焊接 20 渗铝钢与 20 渗铝钢,焊接接头中 20 渗铝钢与 A132 焊缝金属熔合区组织(见图 8.1)

图 8.1 中:

中间熔合面中的白色 α 固溶体条带状组织是渗铝层中高浓度的铝(30%～60%)在焊接高温下再度扩散与固溶的产物,这是渗铝钢焊缝的显著特征之一。富铝的 α 固溶体层可保护焊缝具有较好的耐热抗腐蚀性能。

左侧为 20 渗铝钢热影响区组织,受焊接高温影响,渗铝层原始

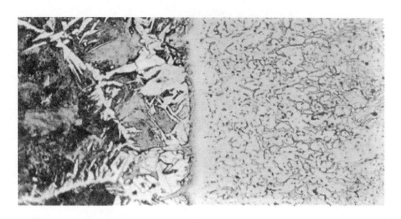

图 8.1　20 渗铝钢(左)与 A132 焊缝金属(右)熔合区组织(300×)

形态消失,形成魏氏组织(widmanstatten structure),针叶状铁素体沿粗大的奥氏体晶界析出并构成网络。靠近熔合区附近的铁素体网络相对较小,这主要是因为焊缝金属中的 Al、Ti、Ni 等合金元素对奥氏体晶粒粗化起到了一定的抑制作用。

右侧为焊缝金属组织,奥氏体基体上分布有 δ 铁素体和颗粒状碳化物。

从以上分析看来,铬镍系不锈钢焊条对接低碳渗铝钢的焊接组织与性能值得肯定。

2. 使用 A302 不锈钢焊条焊接 20 渗铝钢与 20 渗铝钢,焊接接头中 20 渗铝钢与 A302 焊缝金属熔合区组织(见图 8.2)

图 8.2 中:

中间熔合区与两边金属(20 渗铝钢与 A302 焊缝金属)连接完整,白色 α 固溶体条带状组织不十分明显,但依稀可见。

左侧为 20 渗铝钢热影响区组织,熔合线近于直线,熔合尚可。

右侧为 A302 焊缝金属组织,熔合线为与晶界相连的曲线,熔合较好。

3. 使用"渗 107"渗铝钢专用焊条焊接 20 渗铝钢与 20 渗铝钢,焊接接头中 20 渗铝钢与"渗 107"焊缝金属熔合区组织(见图 8.3)

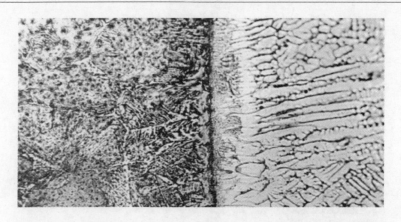

图 8.2　20 渗铝钢(左)与 A302 焊缝金属(右)熔合区组织(200×)

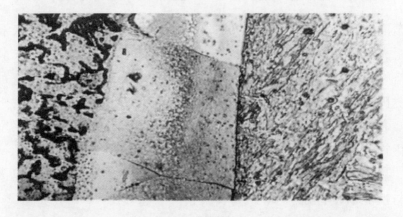

图 8.3　20 渗铝钢(左)与"渗 107"焊缝金属(右)熔合区组织(400×)

图 8.3 中：

中间熔合区与两边金属(20 渗铝钢与"渗 107"焊缝金属)连接完整,白色 α 固溶体条带状组织中出现微裂纹(可能是因为焊接热应力导致)。

左侧为 20 渗铝钢热影响区组织,熔合线为曲线,熔合较好。

右侧为"渗 107"焊缝金属组织,熔合线近于直线,熔合尚可。

4. 使用"渗 207"渗铝钢专用焊条焊接 20 渗铝钢与 20 渗铝钢,焊接接头中 20 渗铝钢与"渗 207"焊缝金属熔合区组织(见图 8.4)

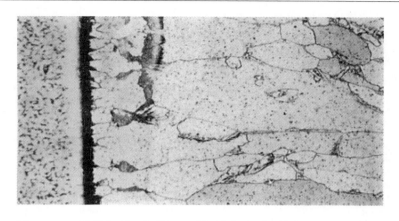

图8.4　20渗铝钢（左）与"渗207"焊缝金属（右）熔合区组织（200×）

图8.4中：

中间熔合区与两边金属（20渗铝钢与"渗207"焊缝金属）连接完整，白色α固溶体条带状组织连续完整。

左侧为20渗铝钢热影响区组织，熔合线为曲线，熔合较好。

右侧为"渗207"焊缝金属组织，熔合线为黑色直线（因为碳化物偏析及组织显示时腐蚀剂作用导致），熔合尚可。

8.1.2　渗铝钢与不锈钢焊接接头的组织特征

由于18-8型奥氏体不锈钢具有良好的可焊接性和耐热抗腐蚀性能，常常与渗铝钢焊接形成耐热抗腐蚀构件。比如，用20渗铝钢管与1Cr18Ni9Ti不锈钢管板焊接成型的换热器使用性能好、寿命长。

1. 使用A132和A302不锈钢焊条分别焊接20渗铝钢与1Cr18Ni9Ti钢，焊接接头中焊缝金属与1Cr18Ni9Ti钢熔合区组织（分别见图8.5和图8.6）

从图8.5和图8.6中可以看出，A132和A302焊缝金属与1Cr18Ni9Ti钢结合性能较好。因为焊接接头中焊缝金属与母材化学成分的差异较小，焊接熔合较好，焊缝中裂纹、气孔、非金属夹杂等缺陷较少。

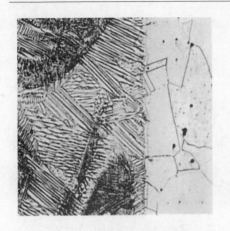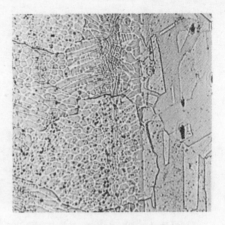

图 8.5 A132 焊缝金属（左）与
1Cr18Ni9Ti 钢（右）熔合区组织（200×）

图 8.6 A302 焊缝金属（左）与
1Cr18Ni9Ti 钢（右）熔合区组织（200×）

从焊接实例来看，A132 和 A302 焊缝金属与 20 渗铝钢熔合性能尚可，与 1Cr18Ni9Ti 钢熔合性能较好。

2. 使用"渗 107"和"渗 207"渗铝钢专用焊条分别焊接 20 渗铝钢与 1Cr18Ni9Ti 钢，焊接接头中焊缝金属与 1Cr18Ni9Ti 钢熔合区组织（分别见图 8.7 和图 8.8）

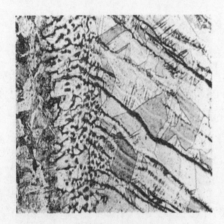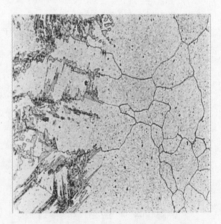

图 8.7 "渗 107"焊缝金属（左）与
1Cr18Ni9Ti 钢（右）熔合区组织（300×）

图 8.8 "渗 207"焊缝金属（左）与
1Cr18Ni9Ti 钢（右）熔合区组织（300×）

图中清晰地显示了焊缝熔合区中熔合线连接特征,这样的组织不易产生裂纹及其他缺陷。

从焊接实例来看,"渗 107"和"渗 207"焊缝金属与 20 渗铝钢熔合性能较好,与 1Cr18Ni9Ti 钢结合性能尚可。

8.2 缺 陷 分 析

如前所述,由于渗铝钢表层与基体金属及焊缝金属在成分、组织、性能等方面存在较大的差异,且可焊接性能相对较差,容易产生焊接缺陷。下面介绍几种常见的缺陷组织形态。

8.2.1 焊缝未焊透

图 8.9 是使用"渗 207"渗铝钢专用焊条焊接 20 渗铝钢与 1Cr18Ni9Ti 钢对接焊缝中的缺陷组织。

图 8.9(a)中,左边是 20 渗铝钢与焊缝金属熔合面,存在链条状分布的小气孔;图中大气孔存在于焊缝金属与 1Cr18Ni9Ti 钢的熔合面上;焊缝中心未焊透,灰色的四边形块状部分是非金属夹渣物,非金属夹渣物中分布有白色圆点状的飞溅金属夹杂颗粒。

图 8.9(b)是图 8.9(a)局部放大,白色圆点状的飞溅金属夹杂颗粒镶嵌在非金属夹渣物上。飞溅金属夹杂颗粒中存在孔隙和裂纹。飞溅金属夹杂颗粒内部组织并未出现过热现象,可能是因为焊接时,在高温和热应力作用下,金属液滴溅起,落入未焊透裂缝中,客观上造成快冷,细化了晶粒。

图 8.9(c)是图 8.9(b)的局部放大,白色圆点状的飞溅金属夹杂颗粒内部显微组织为奥氏体+ 铁素体(δ-Fe)+ 颗粒状碳化物,裂纹粗细不均、纵横分布其间。从组织分析得知,飞溅金属夹杂颗粒来源于焊缝金属液滴。

　　图 8.9(d)是图 8.9(b)中右下角的两个白点的放大图。从图中可以看出,两个白点同样为非金属夹渣物中分布的飞溅金属夹杂颗粒,飞溅金属夹杂颗粒中无裂纹。

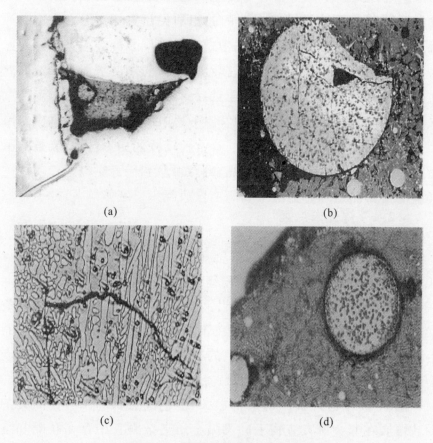

(a)　　　　　　　　　　　　　(b)

(c)　　　　　　　　　　　　　(d)

图 8.9　焊缝未焊透缺陷组织

(a)焊缝未焊透(25×);

(b)非金属夹渣物中分布有飞溅金属夹杂颗粒,图(a)局部放大(200×);

(c)飞溅金属夹杂颗粒中有裂纹,图(b)局部放大(800×);

(d)飞溅金属夹杂颗粒中无裂纹,图(b)右下角白点放大(2000×)

8.2.2　焊缝气孔

渗铝钢焊缝中的气孔缺陷组织,如图 8.9(a),右上角大气孔出现在未焊透区域;如图 8.10(a),鱼眼状气孔出现在熔合线两侧;如图 8.10(b),颗粒状气孔出现在焊件边角部位。气孔形成原因主要有:① 施焊前焊接件未彻底干燥,有水分残留;②焊接件清理不干净,坡口或边角部位有杂质残留;③熔池中气体未完全溢出;④由渗铝层中的孔隙或微裂纹缺陷贯通形成;⑤其他焊接因素等。

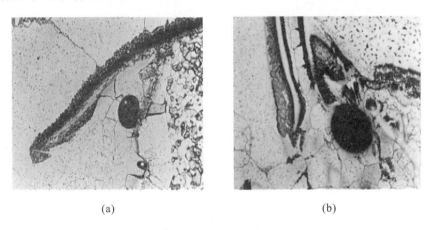

(a)　　　　　　　　　　　　(b)

图 8.10　焊缝气孔(200×)

(a)焊缝熔合线附近鱼眼状气孔;(b)焊接件边角处颗粒状气孔

8.2.3　焊缝裂纹

焊缝裂纹是渗铝钢焊接接头中容易出现的缺陷。

渗铝钢表面的铝-铁合金层导致焊接性能变差。在焊接高温时熔化不完全,或在焊接高温后热应力作用下的重结晶过程中局部化学成分的偏析与组织结构的差异,特别是渗铝层中存在孔隙、裂纹等缺陷,导致渗铝钢焊接接头中出现裂纹的概率较大。

焊接高温、热应力及其他致脆因素,导致焊接熔池中金属化合物结构破坏、合金元素偏析,在焊接熔合后重新形成的金属化合物界面容易产生微裂纹。微裂纹继续贯通与扩展,形成宏观裂纹。

此外,焊接结合面未焊透、气孔、金属夹杂颗粒或非金属夹渣颗粒等缺陷部位也容易产生裂纹或促使裂纹延展或程度加剧。

图 8.11 是 20 渗铝钢与"渗 207"焊缝金属熔合面裂纹缺陷组织。在中间白色的富铝的 α 固溶体条带状组织中发现细小的微裂纹,微裂纹在晶界处产生并沿晶界延伸,贯穿渗铝钢与焊缝金属熔合面。

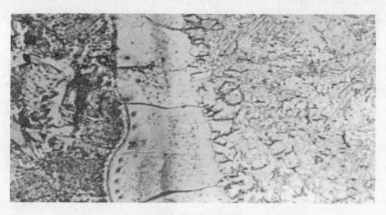

图 8.11　焊缝金属熔合面裂纹(400×)

(左侧为渗铝钢,右侧为焊缝金属)

图 8.12 是 20 渗铝钢与"渗 107"焊缝金属熔合面裂纹缺陷组织。因为焊缝中气孔等缺陷在热应力作用下导致裂纹形成、扩展、延伸,甚至导致渗铝钢与焊缝金属之间产生裂口。

8.2.4　焊缝合金元素偏析

图 8.13 是 20 渗铝钢与 1Cr18Ni9Ti 钢焊缝金属熔合面合金元素偏析带组织。在熔合线右侧焊缝金属的基体上有一条合金元素聚集带(又称合金元素偏析带),是合金元素聚集的产物,它与熔合线平行分布。聚集带边缘的灰色组织是贝氏体,聚集带中间的灰白色组织是板条状马氏体。

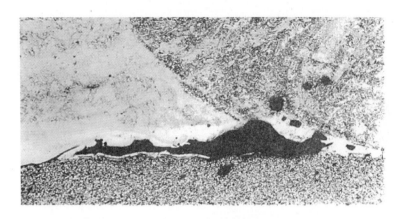

图 8.12　渗铝钢焊缝金属熔合面裂纹(50×)

(上部为焊缝金属,下部为渗铝钢)

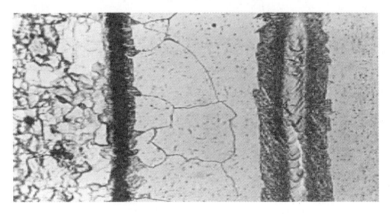

图 8.13　焊缝金属熔合面合金元素偏析带(400×)

(左侧为渗铝钢,右侧为焊缝金属)

　　图 8.14 是 20 渗铝钢与 1Cr18Ni9Ti 钢焊缝金属熔合面合金元素偏析块组织。大块富铬的金属夹杂颗粒镶嵌在焊缝金属中,破坏了焊缝金属组织的均匀性。

　　合金元素偏析带和偏析块的形成,导致焊缝金属晶体结构的差异和化学成分的不均匀性,对焊接接头的机械性能产生不良影响。

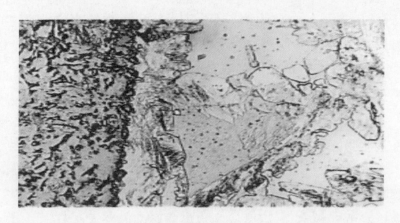

图 8.14　焊缝金属熔合面合金元素偏析块（600×）

（左侧为渗铝钢,右侧为焊缝金属）

8.3　机　械　性　能

采用 A132、A302 不锈钢焊条和"渗 107""渗 207"渗铝钢专用焊条及普通焊接方法,对施焊部位不做特殊表面处理,得到的渗铝钢焊接接头的机械性能记录如下。

8.3.1　焊接接头硬度

图 8.15 为 A3 渗铝钢与 1Cr18Ni9Ti 钢焊接接头硬度分布曲线。

从图中可以看出,焊缝金属和熔合面硬度均高于母体金属,且焊缝两侧热影响区的硬度也大都高于母体金属,这说明焊接接头有可靠的强度和较好的耐磨性能,同时脆性也增大。其使用性能应该综合考量。

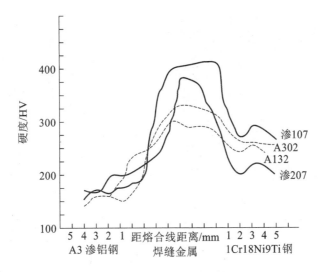

图 8.15　A3 渗铝钢与 1Cr18Ni9Ti 钢焊接接头硬度分布曲线

8.3.2　焊接接头强度

渗铝钢用途广泛,焊接用材以管件为主。渗铝钢管焊接接头的表面状态主要有三种类型:①管截面和内外壁都保留渗铝层;②管内外壁保留渗铝层,管截面不保留渗铝层;③管外壁保留渗铝层,管内壁和管截面不保留渗铝层(如锅炉水冷壁管)。前两类的抗拉强度试验结果见表8.1。

表 8.1　渗铝钢焊接接头抗拉强度

材料类型	试样号	接缝状态	屈服强度 $\sigma_s/(\mathrm{N/mm^2})$	抗拉强度 $\sigma_b/(\mathrm{N/mm^2})$	备注
20 钢 $\phi38\times$ 3.5 mm 管材	M	—	310	442	均为三件平均值;SH 焊缝外断
	S	—	264	371	
	SH	管内外壁渗铝;管截面未渗铝	284	365	

续表 8.1

材料类型	试样号	接缝状态	屈服强度 $\sigma_s/(N/mm^2)$	抗拉强度 $\sigma_b/(N/mm^2)$	备注
20 钢 $\phi40\times$ 1.5 mm 管材	S1	—	302	396	均为三件平均值，SH 焊缝外断
	S2		332	417	
	S3		—	406	
	SH1	管内外壁渗铝；管截面渗铝	331	418	焊缝外断
	SH2		370	449	焊缝外断
	SH3		—	360	焊缝断
20 钢 $\phi10$ mm 棒材	SH1	外表面渗铝；对接接头横截面未渗铝	—	425	焊缝外断
	SH2		—	411	焊缝外断
	SH3		—	331	焊缝断

注：① 各组试件均用 A132 焊条焊接；

② M 表示渗铝前母材试件，S 表示渗铝钢试件（管外壁渗铝，管截面未渗铝），SH 表示渗铝钢焊接试件。

8.3.3 焊缝耐压性能

对焊缝进行水压试验，分别在压力为 20 N/cm²、40 N/cm²、80 N/cm²、120 N/cm² 状态下，保持 15 min，试验结果无渗漏。

8.4 分析与结论

1. 熔合区白色的 α 固溶体条带是渗铝钢焊缝的显著特征之一。

2. 采用铬镍系不锈钢焊条焊接渗铝钢时，焊缝金属为奥氏体＋δ 铁素体双相组织的焊接接头缺陷较少。

3. 渗铝钢焊接接头的组织、性能与渗铝层质量（主要指孔隙、裂纹数量与形态）、焊接工艺、焊条金属的化学成分及其脱渣性能有关。

4. 使用铬镍系不锈钢焊条焊接渗铝钢与渗铝钢、渗铝钢与奥氏体不锈钢综合评价可行。

5. 继 20 世纪 70 年代开发"抗腐 03"之后，20 世纪 80 年代开发的"渗 107"和"渗 207"等渗铝钢焊条总体评价可行。

6. 根据使用要求，合理选用焊条及焊接工艺，规范焊前焊后处理工序，采取通用焊接方法焊接渗铝钢的试验工作值得进一步深入研究。

9 热浸镀铝材料失效分析

热浸镀铝材料失效主要是指热浸镀铝层失去对基体金属保护效能的现象。分为预期失效和非预期失效。预期失效,是指在设计参数和使用寿命预期范围内的失效;非预期失效,是指环境因素或其他因素引起突发事故、缩短预期使用寿命的失效。预期失效是渐进转变的过程;非预期失效是急促转变的过程。

热浸镀铝材料大都用于受热和腐蚀环境,本章分析其高温失效和腐蚀失效。

9.1 热浸镀铝层高温失效

在非耐热钢表面热浸镀铝后使其具有耐热性能,或在耐热钢表面热浸镀铝后进一步优化其耐热性能,或直接以热浸镀铝钢铁制品代替耐热钢铁制品,是选择使用热浸镀铝材料的重要方式。

热浸镀铝材料用于高温环境的案例较多,其中,在锅炉构件中使用最具挑战性。实践证明,锅炉水冷壁管等高压部件,过热器管的支架、托架、护板及加热炉的烟道、烟囱、空气预热器等低压部件表面热浸镀铝后耐热、耐腐蚀、抗飞灰磨损性能良好,使用寿命延长。同时,与耐热钢、不锈钢相比,热浸镀铝材料具有造价较低、对锅炉燃烧无副作用等优点。

下面通过 20 钢锅炉水冷壁渗铝管热浸镀铝前后、在高温环境中使用前后出现的金相显微组织变化及高温氧化腐蚀试验,分析低碳钢扩散型热浸镀铝层高温失效的过程及耐高温腐蚀性能。

某热电厂 20 钢锅炉水冷壁渗铝管一般使用环境:锅炉中心熔渣段火焰温度 1700~1750 ℃;管外壁贴壁烟气温度 1300~1450 ℃;贴壁烟气成分为 O_2、CO_2、$CO+H_2$、H_2S;管外壁温度 300~500 ℃;管内介质为水和蒸汽,饱和温度为 250 ℃。[23,24]

在这样的特殊环境下,20 钢锅炉水冷壁渗铝管一般选择管外壁渗铝、管内壁不渗铝,以利于增强管外壁的抗高温氧化性能,且不影响管内壁的导热性能。

本章高温氧化失效分析主要针对管外壁渗铝、管内壁不渗铝的 20 钢锅炉水冷壁渗铝管进行,以实际案例分析扩散型热浸镀铝层高温失效现象及其主要原因。

9.1.1 高温氧化失效组织分析

1. 使用前,20 钢锅炉水冷壁渗铝管热浸镀铝层及基体金属组织分析

(1) 热浸镀铝处理前基体金属原始组织

如图 9.1 所示,20 钢锅炉水冷壁管基体金属原始组织为均匀分布的铁素体和珠光体,管壁无脱碳。

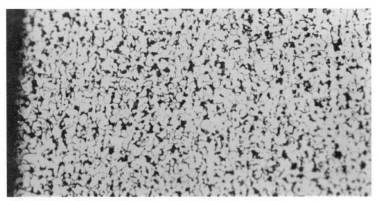

图 9.1 20 钢锅炉水冷壁管基体金属原始组织(150×)

（2）热浸镀铝处理后形成的浸渍型热浸镀铝层正常组织

如图 9.2 所示，基体金属表面覆盖着正常的浸渍型热浸镀铝层：表面铝覆盖层＋铝-铁合金（Fe_2Al_5）层。基体金属组织为均匀分布的铁素体和珠光体。

工艺条件：750 ℃ 热浸镀铝处理 15 min。

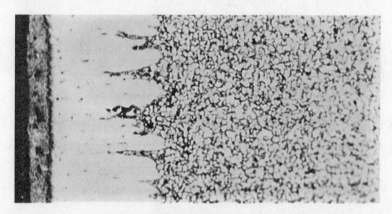

图 9.2　20 钢锅炉水冷壁渗铝管浸渍型热浸镀铝层正常组织（使用前，150×）

（3）热浸镀铝＋扩散处理后形成的扩散型热浸镀铝层正常组织

如图 9.3 所示，基体金属表面覆盖着正常的扩散型热浸镀铝层：铝-铁化合物（Fe_mAl_n）层＋固溶体分布层。基体金属组织为均匀分布的铁素体和珠光体。

工艺条件：750 ℃ 热浸镀铝处理 15 min＋900 ℃ 扩散处理 3 h。

（4）热浸镀铝＋延时超温扩散处理后形成的扩散型热浸镀铝层及层下过热组织

如图 9.4 所示，扩散型热浸镀铝层层厚与正常工艺处理的工件相比增加约 10%；但层下显现过热组织，为 1～2 级魏氏组织。基体金属内部组织为均匀分布的铁素体和珠光体。

工艺条件：750 ℃热浸镀铝处理 15 min＋900 ℃扩散处理 3 h＋大约 1000 ℃延时扩散处理 1 h（因生产操作失误导致）。

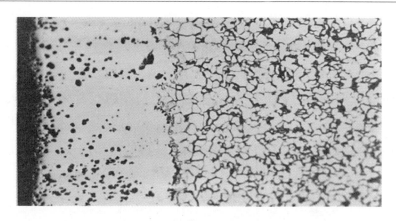

图9.3　20钢锅炉水冷壁渗铝管扩散型热浸镀铝层
正常组织（使用前，150×）

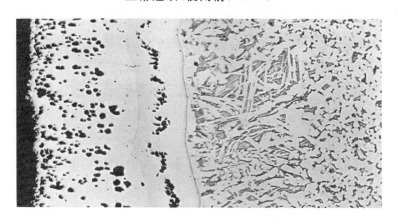

图9.4　20钢锅炉水冷壁渗铝管扩散型热浸镀铝层
及层下过热组织（使用前，150×）

2. 使用后，20钢锅炉水冷壁渗铝管热浸镀铝层及基体金属组织分析

使用环境与时间：高压锅炉水冷壁渗铝管运行35 h。

（1）扩散型热浸镀铝层及层下过热组织[25]

如图9.5(a)所示，扩散型热浸镀铝层层间过热，出现裂纹且已有氧化物侵入，但过热程度不严重。层下基体金属过热，与使用前相比，过热区过热程度加剧，晶粒粗大，为3～4级魏氏组织；层厚进一步增加。基体金属内部组织为均匀分布的铁素体和珠光体。

　　图 9.5(b)为图 9.5(a)相邻视场局部放大组织。界面线左侧灰白色(较宽)部分为扩散型热浸镀铝层内层(固溶体相层);界面线右侧灰白色(较窄)部分为贫碳层(热浸镀铝层扩散过程中的排碳作用所致)。其后为层下基体金属过热区组织:叶片状铁素体构成粗大网络,网络内分布有局部平行的贝氏体,为典型的魏氏组织;再其后逐步过渡到正常的基体金属组织,趋向均匀分布的铁素体和珠光体。

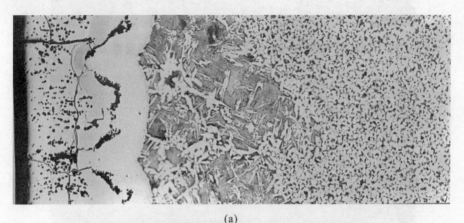

(a)

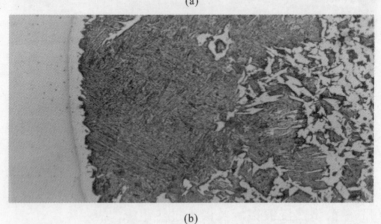

(b)

图 9.5　20 钢锅炉水冷壁渗铝管扩散型热浸镀铝层及层
下过热组织(使用后)

(a) 100×;(b) 400×

　　热浸镀铝层层下组织过热现象少有且奇特,究其原因,主要是锅炉水冷壁管外壁受高温火焰冲刷,管内有高压水或蒸汽循环,管壁金属在300~500 ℃运行的特殊使用环境所导致。

　　(2)扩散型热浸镀铝层严重过热及层下基体金属完全过热组织[25]

　　如图9.6所示,扩散型热浸镀铝层外层表面出现微观裂口,层间裂纹数量增加,裂纹已构成网络。氧化物沿裂纹通道进入外层,内层仍然连续完整。热浸镀铝层与基体金属界面线为双线,界面线下贫碳层宽度较小但依然清晰可见。基体金属全部转变为过热的魏氏组织(3~4级魏氏组织)。

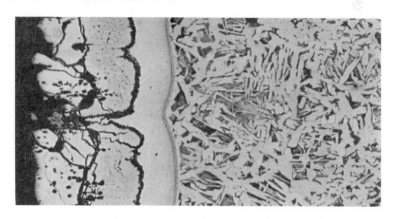

图9.6　20钢锅炉水冷壁渗铝管扩散型热浸镀铝层
严重过热及层下过热组织(使用后,200×)

　　(3)扩散型热浸镀铝层严重过热、氧化及基体金属完全过热组织[25]

　　如图9.7所示,扩散型热浸镀铝层外层出现微观裂口,层间裂纹数量增加,裂纹已构成网络。氧化物沿裂纹通道进入内层并穿透渗层,到达与基体金属结合界面,热浸镀铝层对基体金属的保护作用开始失效。基体金属全部转变为过热的魏氏组织(3~4级魏氏组织)。

　　3.使用后,20钢锅炉水冷壁渗铝管热浸镀铝层恶性失效及宏观缺陷分析

　　使用环境与时间:高压锅炉水冷壁管运行35 h。非正常因素

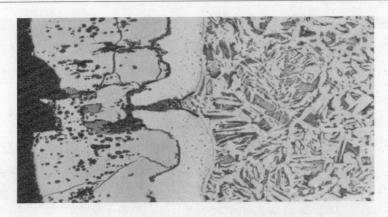

图9.7　20钢锅炉水冷壁渗铝管扩散型热浸镀铝层严重过热、
氧化及层下过热组织（使用后，200×）

导致恶性失效：鼓包、爆管。

（1）20钢锅炉水冷壁渗铝管使用后鼓包缺陷实物形貌及微观组织（图9.8、图 9.9）[25]

图9.8为20钢锅炉水冷壁渗铝管使用后鼓包缺陷实物形貌。鼓包部位最大突出高度5 mm，鼓包处位于管外壁向火侧，鼓包凸起表面为褐红色，出现肉眼可见的宏观裂纹。

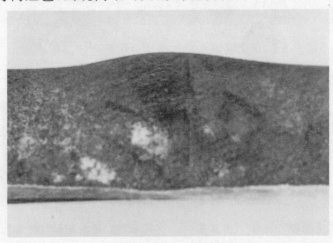

图 9.8　20钢 $\phi60 \times 5$ mm 锅炉水冷壁
渗铝管鼓包缺陷实物形貌

图 9.9 是 20 钢锅炉水冷壁渗铝管鼓包缺陷微观组织形貌。

如图 9.9(a)所示,表面扩散型热浸镀铝层已经破坏,在鼓包突起处有残留,但层间裂纹、孔隙严重。表面宏观裂纹在显微观察下表现为微观裂口,微观裂纹沿着微观裂口深入金属基体。

如图 9.9(b)[图 9.9(a)局部放大]所示,微观裂口处微观裂纹沿着裂口通道延伸并深入金属基体;裂口及裂纹两侧氧化产物富集,氧化迹象明显。左上角白色部分为扩散型热浸镀铝层残留。

如图 9.9(c)[图 9.9(a)局部放大]所示,微观裂口处氧化产物富集,微观裂纹沿着裂口通道延伸并深入金属基体。氧化迹象明显。左上角和右上角白色部分为扩散型热浸镀铝层残留。

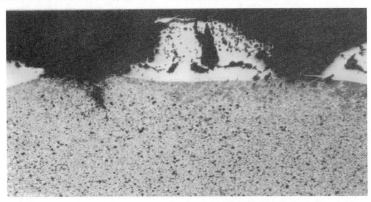

(a)

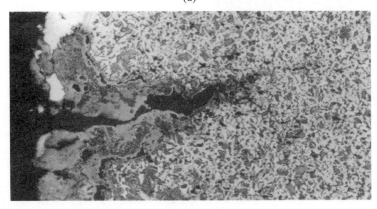

(b)

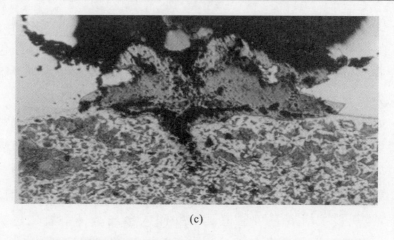

(c)

图 9.9　20 钢锅炉水冷壁渗铝管鼓包缺陷部位微观组织形貌

(a)扩散型热浸镀铝层破坏,呈现微观裂口及裂纹(50×);

(b)裂纹深入金属基体,裂口两侧氧化严重(200×);

(c)微观裂口处氧化产物堆积(200×)

（2）20 钢锅炉水冷壁渗铝管使用后爆管缺陷实物形貌及微观组织
（图9.10、图 9.11）[25]

图 9.10(a)为 20 钢锅炉水冷壁渗铝管使用后爆管缺陷宏观实

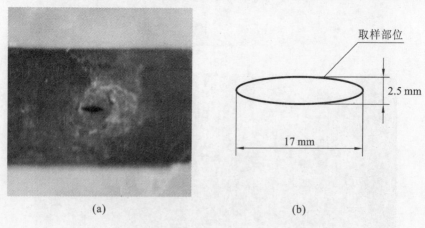

(a)　　　　　　　　　　　　　　(b)

图 9.10　20 钢 $\phi 60 \times 5$ mm 锅炉水冷壁渗铝管
爆破口实物形貌及示意图

物形貌。爆破口长 17 mm,宽 2.5 mm,位于管外壁向火侧,周边为褐红色氧化层,附近有肉眼可见的纵向宏观裂纹。图9.10(b)为取样分析部位示意图。

图9.11为20钢锅炉水冷壁管使用后爆破口边缘的微观组织形貌。

如图 9.11(a)和图 9.11(b)所示,扩散型热浸镀铝层外表面宏观裂纹在显微镜下表现为微观裂口。扩散型热浸镀铝层外层裂纹粗大、数量较多且构成网络,内层部分完整保留。图 9.11(b)为图9.11(a)同一试样的相邻视场。基体金属因为在爆管后停炉前的一段时间内,管外壁受高温火焰冲刷,管内壁受高压水流冲刷,在冷却过程中客观形成中温(300~500 ℃)等温条件,形成不完全贝氏体组织。

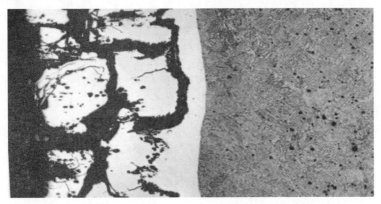

(a)

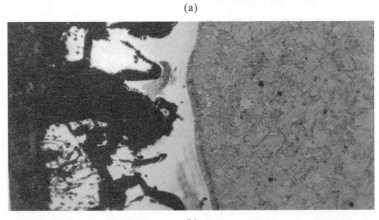

(b)

(c)

图 9.11　20 钢锅炉水冷壁渗铝管爆破口边缘的微观组织形貌

(a),(b)热浸镀铝层网络状裂纹形貌(100×);

(c)热浸镀铝层分层剥落(200×)

如图 9.11(c)所示,爆破口边缘扩散型热浸镀铝层分层剥落。图中,右上角较宽的白色带状组织为保留的扩散型热浸镀铝层外层,中间较薄的白色带状组织为保留的扩散型热浸镀铝层内层,内外层之间已经裂开。右下部分可见扩散型热浸镀铝层内层局部残留,左下部分则完全消失。基体金属组织为贝氏体和铁素体。

(3) 20 钢锅炉水冷壁渗铝管鼓包、爆管原因分析[25]

经过宏观实物检查、微观组织分析和化学成分分析后综合判断,导致鼓包、爆管的主要原因是锅炉水冷壁渗铝管管内壁局部附着物结渣,在高温下形成"烧结状垢物",产生热阻,导致管壁金属局部过热,在管内压力作用下产生畸变,热浸镀铝层破坏,进而导致锅炉水冷壁管鼓包、爆管。

鼓包管内壁附渣实物形貌见图 9.12,微观组织形貌见图 9.13。观察图 9.12 可见,黑色烧结状垢物牢固地粘附在水冷壁渗铝管内壁。内壁附着物结渣成分主要为 Fe_3O_4、CaO,还有 Cu、S、Si 等元素存在。管内壁附着物结渣是因为管内壁防渗铝、防脱碳工艺处理后填充物清理不干净,遗留在管内,在高温下烧结形成。观察图9.13可发现,黑色的烧结状垢物中的金属或非金属元素在高温下已经扩散进入基体金属表层。

图9.12 20钢锅炉水冷壁渗铝管(鼓包管)内壁附渣实物形貌

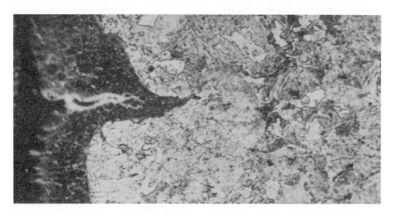

**图9.13 20钢锅炉水冷壁渗铝管(鼓包管)
内壁附渣微观组织形貌(400×)**

9.1.2 高温氧化性能试验

热浸镀铝材料的抗高温氧化速度试验结果见表9.1。[26]

表 9.1　渗铝钢抗高温氧化速度

材料及编号	氧化温度 /℃	氧化时间 /h	氧化增重 /g	氧化速度 /(mm/a)	平均速比[①]
20 钢			4.7817	32.2	
20 渗铝钢	900	100	0.0320	0.15	1:215
20 渗铝钢			0.0195	0.12	1:268
18-8 钢			10.4700	4.1	
18-8 渗铝钢	1100	100	0.1278	0.05	1:82
18-8 渗铝钢			0.1632	0.065	1:63

注:① 渗铝钢的氧化速度与普通钢的氧化速度之比。

从表 9.1 中可以看出,在 900 ℃高温下,20 钢的氧化速度为 32.2 毫米/年(以下用 mm/a 表示),表面渗铝后为 0.12～ 0.15 mm/a,平均速比为 1:241;在 1100 ℃高温下,1Cr18Ni9Ti 钢氧化速度为 4.1 mm/a,表面渗铝后为 0.05～0.065 mm/a,平均速比为 1:72 。

9.1.3　高温氧化腐蚀试验

20 渗铝钢与 20 钢在高压液态炉水冷壁管上的应用试验结果对比见表 9.2。[23,24]

表 9.2　锅炉水冷壁渗铝管耐高温氧化腐蚀性能

材料	构件名称	腐蚀介质	工作条件	使用效果
20 钢	高压锅炉 水冷壁渗铝管 $\phi60\times5$ mm 2+184 根	O_2、CO_2、 CO、H_2S 等	燃煤熔渣加 尘渣冲刷,管壁 工作温度 400～ 450 ℃	使用寿命 1～2 年
20 渗铝钢				使用 1 年后 表面完好

注:试验单位为宝鸡电厂。

锅炉水冷壁渗铝管工作环境：燃煤含硫量约 4％；熔渣段中心火焰温度 1450～1500 ℃；管壁工作温度 400～450 ℃；烟气成分为 O_2、CO_2、CO、H_2S 等[23,24]。

试验结果表明，20 碳素钢的使用寿命为 1～2 年；20 渗铝钢使用 1 年后表面完好无损。

9.1.4　分析与结论

1. 试验表明，碳素钢表面覆盖的扩散型热浸镀铝层在 900 ℃以下的高温环境中有较好的热稳定性；耐热钢表面覆盖的扩散型热浸镀铝层在 1100 ℃以下的高温环境中有较好的热稳定性。

2. 实践证明，只有表面覆盖完整的热浸镀铝层才能为铁基金属提供可靠的表面抗高温氧化性能。

3. 扩散型热浸镀铝层高温失效的主要原因，是在高温条件下，铝-铁合金层中的铝原子进一步向基体金属扩散，即发生第三次扩散（第一次扩散是指热浸镀铝处理工艺过程中的扩散，第二次扩散是指扩散处理工艺过程中的扩散，第三次扩散是指高温使用环境中的扩散），导致铝-铁合金层中的铝浓度逐步降低至 10％[27] 以下（有资料称 8％以下）[23] 时，铝-铁合金层失去抗高温氧化功能，从而失去对铁基金属的保护作用。

4. 扩散型热浸镀铝层预期失效的过程是一个渐进、缓慢的过程，而因为突发事故或其他环境因素引发的非预期失效则加速失效进程。

5. 在高温氧化环境中，扩散型热浸镀铝层高温失效往往从层间孔隙、裂纹处开始，随着环境温度升高或时间延长，孔隙、裂纹程度加剧，进一步延伸、扩展到达金属基体，导致热浸镀铝层抗高温氧化保护失效。

6. 对于非正常环境因素导致热浸镀铝层破坏，热浸镀铝层对基体金属保护失效的案例，应该具体情况具体分析，辨明原因后研究对策。

9.2　热浸镀铝层腐蚀失效

试验和实践证明,热浸镀铝材料具有良好的抗某些介质的腐蚀性能。例如,在 H_2S、SO_2、SO_3、CO_2、CO、海水以及硫类、氨类、弱碱介质中抗腐蚀性能较好,特别是抗 H_2S、SO_2 腐蚀性能优良。

本节讨论热浸镀铝材料的高温腐蚀失效和溶液熔盐腐蚀失效。

9.2.1　高温腐蚀失效

1. 高温腐蚀渐近性失效

图 9.14 和图 9.15 分别是 A3 钢扩散型热浸镀铝材料在腐蚀介质为 H_2S、SO_2,温度为 870 ℃的腐蚀环境中挂片试验 480 h 前后得到的扩散型热浸镀铝层组织变化图。

使用前（图 9.14），扩散型热浸镀铝层连续、完整,层厚 0.47 mm。铝-铁合金外层（化合物层）中有孔隙、无裂纹,层厚 0.33 mm;铝-铁合金内层（化合物＋固溶体层）连续、致密,层厚 0.14 mm。基体金属组织为铁素体和珠光体,呈现 3 级带状组织。

图 9.14　A3 钢扩散型热浸镀铝层显微组织（使用前,100×）

使用后(图 9.15),扩散型热浸镀铝层和基体金属组织发生了三大变化:

a. 扩散型热浸镀铝层厚度由 0.47 mm 增加到 0.74 mm。其中铝-铁合金外层由 0.33 mm 增加到 0.47 mm;铝-铁合金内层由 0.14 mm 增加到 0.27 mm。

b. 受高温腐蚀环境影响,扩散型热浸镀铝层中孔隙数量增加并产生裂纹。

c. 基体金属组织明显过热,呈现魏氏组织,带状组织特征消失。

分析与评价:扩散型热浸镀铝层厚度增加,是第三次扩散(是指高温使用环境中产生的扩散)作用导致,是预期现象;扩散型热浸镀铝层中孔隙数量增加并产生裂纹,但并未深入铝-铁合金内层,仍然能够对基体金属提供有效的保护作用;基体金属组织过热也为预期现象,对材料安全使用暂不构成失效威胁。

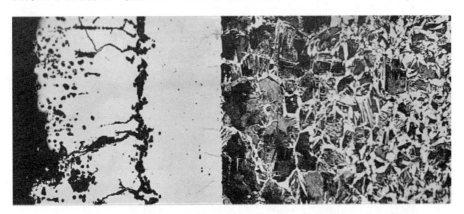

图 9.15　A3 钢扩散型热浸镀铝层显微组织(使用后,100×)

2. 高温腐蚀恶性失效

热浸镀铝材料在空气预热器上使用产生的高温腐蚀失效具有一定代表性。下面以此为实例分析热浸镀铝材料高温失效现象。

(1)高温腐蚀环境[28]

空气预热器由 20 渗铝钢管与 1Cr18Ni9Ti 钢管板焊接成型。

a. 腐蚀介质:3.43% CO_2、1.03% O_2、13.70% CO、1.88%

CH$_4$、6.08％ H$_2$、59.48％ N$_2$、14.40％ H$_2$O。

　　b. 试验温度:正常使用温度 700~900 ℃,实际使用时超温。

　　c. 试验时间:2500 h。

　　d. 失效部位:空气换热器管与管板连接处环向开裂。

　　e. 失效原因:超温运行。

　　(2) 高温腐蚀引起的显微组织变化

　　高温腐蚀引起扩散型热浸镀铝层失效,在正常部位、过渡区、断口部位的显微组织变化形貌如图 9.16 至图 9.22 所示。可以看出,距离失效部位远近不同,扩散型热浸镀铝层失效程度也不同,分为热浸镀铝层中出现裂纹、裂纹扩展到达热浸镀铝层与基体金属界面、裂纹穿透热浸镀铝层深入基体金属、热浸镀铝层腐蚀严重、热浸镀铝层外层消失、热浸镀铝层全部消失留有痕迹、热浸镀铝层全部消失没有痕迹共七种类型。

　　a. 高温腐蚀形貌之一

　　从图 9.16 可以看出,高温腐蚀后,扩散型热浸镀铝层基本保持完整,但层间出现粗大裂纹,裂纹由表及里,大都与表面垂直,向里扩展,但未裂至基体金属。裂纹内有氧化物和腐蚀产物进入。

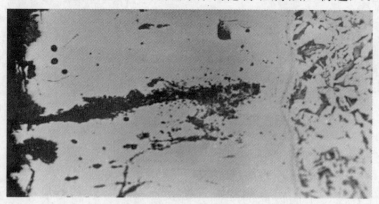

图 9.16　高温腐蚀后 20 钢扩散型热浸镀铝层裂纹形貌之一(100×)

热浸镀铝层基本保持完整但层间出现粗大裂纹

b. 高温腐蚀形貌之二

从图 9.17 可以看出,高温腐蚀后,扩散型热浸镀铝层基本保持完整,但层间出现粗大裂纹和网络状裂纹,裂纹由表及里,向里扩展,到达热浸镀铝层与基体金属界面。裂纹内有氧化物和腐蚀产物进入。

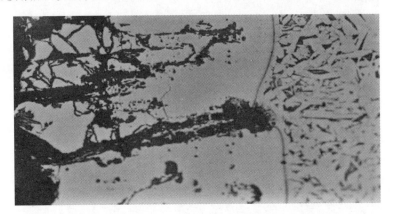

图 9.17　高温腐蚀后 20 钢扩散型热浸镀铝层裂纹形貌之二(100×)

热浸镀铝层基本保持完整,但层间出现粗大裂纹＋网络状裂纹

裂纹扩展到达热浸镀铝层与基体金属界面

c. 高温腐蚀形貌之三

从图 9.18 中可以看出,高温腐蚀后,扩散型热浸镀铝层基本保持完整,但表面出现较大的微观裂口,层间出现粗大裂纹、网络状裂纹和网络状裂纹形成的孔洞,裂纹及腐蚀产物穿透热浸镀铝层,深入基体金属。裂纹内有氧化物和腐蚀产物进入。

d. 高温腐蚀形貌之四

从图 9.19 中可以看出,高温腐蚀后,扩散型热浸镀铝层受到严重破坏。层间裂纹及腐蚀产物密布并构成网络。其中,粗大裂纹及腐蚀产物由表及里穿透扩散型热浸镀铝层与基体金属界面进入基体金属。裂纹及腐蚀产物向基体金属内部延伸的前沿部位正在构成新的裂纹网络,并堆积腐蚀产物。

e. 高温腐蚀形貌之五

从图 9.20 中可以看出,高温腐蚀后,扩散性热浸镀铝层受到严

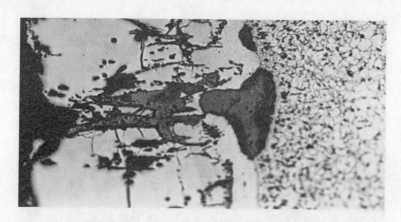

图 9.18　高温腐蚀后 20 钢扩散型热浸镀铝层裂纹形貌之三（100×）

热浸镀铝层基本保持完整,但裂纹已穿透热浸镀铝层与基体金属界面
裂纹内明显可见腐蚀产物堆积

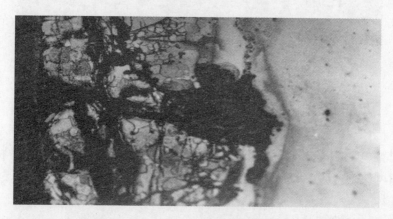

图 9.19　高温腐蚀后 20 钢扩散型热浸镀铝层裂纹形貌之四（100×）

热浸镀铝层腐蚀严重,裂纹及腐蚀产物穿透热浸镀铝层与基体金属界面进入金属基体

重破坏,铝-铁合金外层基本消失,内层布满网状腐蚀裂纹和腐蚀坑。扩散型热浸镀铝层与基体金属界面线依然清晰可辨。局部残留的铝-铁合金内层破碎分解成块,铝浓度明显降低。基体金属腐蚀迹象明显。

　　f. 高温腐蚀形貌之六

　　从图 9.21 中可以看出,高温腐蚀后,扩散型热浸镀铝层全部消

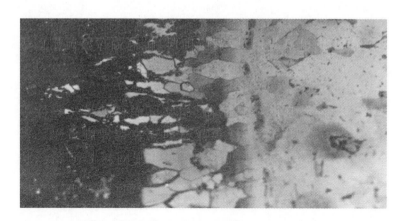

图 9.20　高温腐蚀后 20 钢扩散型热浸镀铝层裂纹形貌之五（100×）

热浸镀铝层中铝-铁合金外层基本消失,内层腐蚀严重,

热浸镀铝层与基体金属界面线依然可辨

失,但仍可见其痕迹,大量氧化物和腐蚀产物侵入基体金属,基体金属表面形成较大的腐蚀坑。

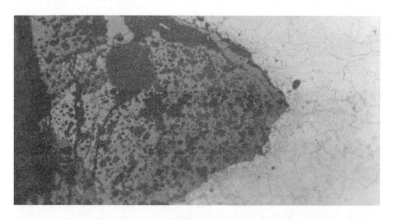

图 9.21　高温腐蚀后 20 钢扩散型热浸镀铝层裂纹形貌之六（100×）

热浸镀铝层全部消失但留有痕迹

g. 高温腐蚀形貌之七

从图 9.22 中可以看出,高温腐蚀后,扩散型热浸镀铝层全部消失,不见其痕迹。基体金属严重脱碳,表面残缺不全。

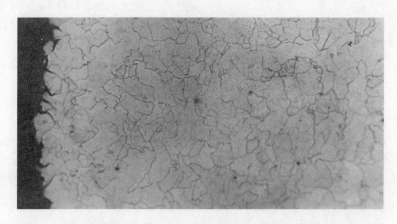

图 9.22　高温腐蚀后 20 钢扩散型热浸镀铝层裂纹形貌之七(100×)

热浸镀铝层全部消失没有痕迹；基体金属表面残缺不全、脱碳严重

3. 高温腐蚀焊缝失效

图 9.23 是 20 渗铝钢管与 1Cr18Ni9Ti 钢管板焊接部位的缺陷组织。

从图 9.23(a)可以看出,高温腐蚀后,在焊趾部位,20 渗铝钢(左下)与焊缝金属(右上)之间形成粗大的腐蚀裂纹和腐蚀坑。靠近 20 渗铝钢一侧腐蚀坑较大,靠近焊缝金属一侧腐蚀坑较小(因为焊缝金属为 Cr-Ni 系奥氏体不锈钢,耐腐蚀性能相对较好)。

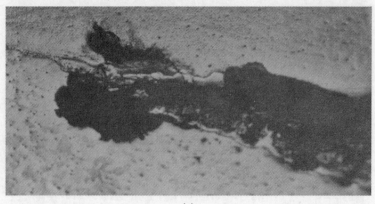

(a)

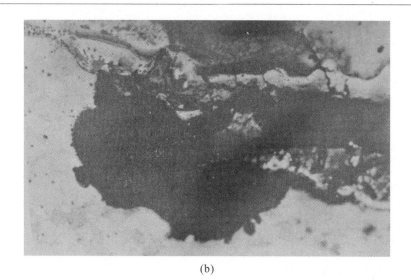

(b)

图 9.23 高温腐蚀后 20 渗铝钢与 1Cr18Ni9Ti 钢焊趾腐蚀坑及裂纹

(a) 25×;(b) 50×

从图 9.23(b)中可以看出,腐蚀坑与腐蚀裂纹贯通,内有金属夹渣物残留,可能是从基体金属表面脱落的铝-铁合金层碎块残留其中。从图中可以看出,20 渗铝钢表面有渗铝层残留,但与基体金属之间出现裂缝。

9.2.2　溶液熔盐腐蚀失效

试验证明,浸渍型热浸镀铝材料(以下简称镀铝钢)与扩散型热浸镀铝材料(以下简称渗铝钢)在 H_2S、HCN、SO_4^{2-}、SO_2、SO_3、NH_3、NH_4NO_3 等溶液介质中具有良好的耐腐蚀性能。

下面,分别介绍 10 种不同使用环境下热浸镀铝材料耐溶液熔盐腐蚀情况。

1. 含氰污水腐蚀试验

A3 镀铝钢、A3 渗铝钢与 A3 钢在含氰和硫化氢污水腐蚀条件下的耐腐蚀性能对比见表 9.3。

表 9.3　镀铝钢和渗铝钢在含氰和硫化氢污水中的腐蚀速度（53 d）

试样号	材料	腐蚀速度 /(mm/a)	平均腐蚀 速度比	腐蚀介质
A3-1	A3 钢	1.50		
A3-2	A3 钢	1.26		
A3D-1	A3 镀铝钢	0.02	1:92[①]	CN⁻ 浓度:39～500 mg/L
A3D-2	A3 镀铝钢	0.01	1:27[②]	H_2S 浓度:16.96 mg/L
A3S-1	A3 渗铝钢	0.04		pH＝8～9
A3S-2	A3 渗铝钢	0.06		

注:① A3 镀铝钢与 A3 钢的平均腐蚀速度比。

　　② A3 渗铝钢与 A3 钢的平均腐蚀速度比。

资料来源:南京化学工业公司氮肥厂和湖北云梦化工机械厂,《渗铝钢的抗腐蚀性能在南京化学工业公司氮肥厂阶段性试验报告》,1981.4。

试验结果表明,在含氰和硫化氢腐蚀介质中,A3 镀铝钢的腐蚀速度为 0.01～0.02 mm/a,A3 渗铝钢的腐蚀速度为 0.04～0.06 mm/a,而 A3 钢的腐蚀速度为 1.26～1.50 mm/a,A3 镀铝钢与 A3 钢平均腐蚀速度比为 1:92,A3 渗铝钢与 A3 钢平均腐蚀速度比为 1:27。

2. 栲胶溶液腐蚀试验

A3 镀铝钢、A3 渗铝钢与 A3 钢在栲胶溶液腐蚀介质中的耐腐蚀性能对比见表 9.4。

试验结果表明,在栲胶溶液腐蚀介质中,A3 镀铝钢的腐蚀速度为 0.010～0.056 mm/a,A3 渗铝钢的腐蚀速度为 0.011～0.150 mm/a。A3 镀铝钢与 A3 钢平均腐蚀速度比在 1:40～1:8 之间,A3 渗铝钢与 A3 钢的平均腐蚀速度比在 1:5.0～1:2.4 之间。

试验证明,在栲胶溶液中,特别是在含 SO_4^{2-} 的栲胶溶液中,与 A3 钢相比,A3 镀铝钢与 A3 渗铝钢的腐蚀速度较小,抗腐蚀性能优良。

表 9.4　镀铝钢和渗铝钢在栲胶溶液中的腐蚀速度（100 h）

组别	试样号	材料	腐蚀速度/(mm/a)	平均腐蚀速度比	腐蚀介质③
Ⅰ	A3D-1	A3 镀铝钢	0.020	1:38① 1:4.6②	栲胶浓度:1.89 g/L 总钒浓度:0.78 g/L SO_4^{2-} 浓度:60 g/L 温度:40 ℃
	A3D-2	A3 镀铝钢	0.008		
	A3S-1	A3 渗铝钢	0.090		
	A3S-2	A3 渗铝钢	0.150		
Ⅱ	A3D-1	A3 镀铝钢	0.010	1:40① 1:4.8②	栲胶浓度:1.89 g/L 总钒浓度:0.78 g/L SO_4^{2-} 浓度:38.8 g/L 温度:40 ℃
	A3D-2	A3 镀铝钢	0.020		
	A3S-1	A3 渗铝钢	0.120		
	A3S-2	A3 渗铝钢	0.130		
Ⅲ	A3D-1	A3 镀铝钢	0.056	1:8① 1:4.8②	栲胶浓度:1.89 g/L 总钒浓度:0.78 g/L SO_4^{2-} 浓度:22.2 g/L 温度:40 ℃
	A3D-2	A3 镀铝钢	0.012		
	A3S-1	A3 渗铝钢	0.080		
Ⅳ	A3S-1	A3 渗铝钢	0.016	1:2.4②	栲胶浓度:9 g/L 总矾浓度:0.785 g/L 总碱浓度:0.25 g/L $NaHCO_3$ 浓度:9.24 g/L Na_2CO_3 浓度:7.42 g/L 通煤气;40 ℃
	A3S-2	A3 渗铝钢	0.011		
Ⅴ	A3S-1	A3 渗铝钢	0.010	1:5②	SO_4^{2-} 浓度:20 g/L 其余同Ⅳ
	A3S-2	A3 渗铝钢	0.015		
Ⅵ	A3S-1	A3 渗铝钢	0.090	1:4②	SO_4^{2-} 浓度:60 g/L 其余同Ⅳ
	A3S-2	A3 渗铝钢	0.010		

注:① A3 镀铝钢与 A3 钢的平均腐蚀速度比。

② A3 渗铝钢与 A3 钢的平均腐蚀速度比。

③ Ⅰ、Ⅱ、Ⅲ腐蚀介质搅拌速度为 160 r/min。

④ 在栲胶溶液中,碳钢的腐蚀速度为 0.4152～1.6533 mm/a。

资料来源:南京化学工业公司氮肥厂和湖北云梦化工机械厂《渗铝钢的抗腐蚀性能在南京化学工业公司氮肥厂阶段性试验报告》,1981.4。

3. 硝酸铵水溶液腐蚀试验

A3 镀铝钢与 A3 钢在稀硝酸铵（NH_4NO_3）水溶液腐蚀环境中的耐腐蚀性能对比见表 9.5。

表 9.5　A3 镀铝钢和 A3 钢在稀硝酸铵溶液中的腐蚀性能对比

组别	试样号	材料	腐蚀速度 /(mm/a)	平均腐蚀速度比[1]	腐蚀介质[2]
Ⅰ	A3-1	A3 钢	14.65	1:1250	NH_4NO_3浓度:300 g H_2O 浓度:600 g pH=5 温度:40 ℃
	A3-2	A3 钢	12.84		
	A3D-1	A3 镀铝钢	0.011		
	A3D-2	A3 镀铝钢	0.011		
Ⅱ	A3-1	A3 钢	17.27	1:2574	NH_4NO_3浓度:200 g H_2O 浓度:600 g 温度:40 ℃
	A3-2	A3 钢	13.62		
	A3D-1	A3 镀铝钢	0.01		
	A3D-2	A3 镀铝钢	0.002		
Ⅲ	A3-1	A3 钢	14.04	1:1080	NH_4NO_3浓度:100 g H_2O 浓度:600 g 温度:40 ℃
	A3-2	A3 钢	10.71		
	A3D-1	A3 镀铝钢	0.011		
	A3D-2	A3 镀铝钢	0.012		
Ⅳ	A3-1	A3 钢	9.64	1:3660	NH_4NO_3浓度:150 g H_2O 浓度:600 g 温度:40 ℃
	A3-2	A3 钢	10.87		
	A3D-1	A3 镀铝钢	0.004		
	A3D-2	A3 镀铝钢	0.001		

注:① A3 镀铝钢与 A3 钢的平均腐蚀速度比。

② 腐蚀介质搅拌速度为 160 r/min。

资料来源:南京化学工业公司氮肥厂和湖北云梦化工机械厂,《渗铝钢的抗腐蚀性能在南京化学工业公司氮肥厂阶段性试验报告》,1981.4。

试验结果表明,在硝酸铵水溶液腐蚀介质中,A3 镀铝钢的腐蚀速度极小,为 0.001～0.011 mm/a,而 A3 钢的腐蚀速度较大,高达 9.64～17.27 mm/a,A3 镀铝钢与 A3 钢腐蚀速度比达 1:1080～1:3660。

4. 氨腐蚀试验

A3 镀铝钢、A3 渗铝钢与 A3 钢在游离氨环境中的耐腐蚀性能对比见表 9.6。

试验结果表明,在游离氨腐蚀介质中,A3 镀铝钢的腐蚀速度为 0.01 mm/a,A3 渗铝钢的腐蚀速度为 0.007～0.115 mm/a。A3 镀铝钢与 A3 钢腐蚀速度比为 1:30,A3 渗铝钢与 A3 钢腐蚀速度比为 1:2.3。

表 9.6　A3 镀铝钢、A3 渗铝钢与 A3 钢抗氨腐蚀性能对比

试样号	材料	腐蚀速度 /(mm/a)	平均腐蚀速度比	腐蚀介质
A3-1	A3 钢	0.22		游离氨浓度:0.034 g/L SO$_2$ 进口浓度:0.48 g/L SO$_2$ 出口浓度:0.076 g/L (NH$_4$)$_2$SO$_4$ 浓度:198.8 g/L (NH$_4$)$_2$HSO$_3$ 浓度:292.4 g/L 碱度:1.61 N
A3-2	A3 钢	0.28	1:30① 1:2.3②	
A3D-1	A3 镀铝钢	0.01		
A3S-1	A3 渗铝钢	0.007		
A3S-2	A3 渗铝钢	0.10		
A3S-3	A3 渗铝钢	0.115		

注:① A3 镀铝钢与 A3 钢的平均腐蚀速度比。

② A3 渗铝钢与 A3 钢的平均腐蚀速度比。

资料来源:南京化学工业公司氮肥厂和湖北云梦化工机械厂《渗铝钢的抗腐蚀性能在南京化学工业公司氮肥厂阶段性试验报告》,1981.4。

5. 熔盐高温腐蚀试验

20 渗铝钢与 20 钢在硫酸钠-氯化钠高温熔盐腐蚀条件下的耐腐蚀性能对比见表 9.7。

试验结果表明,在硫酸钠(Na$_2$SO$_4$)-氯化钠(NaCl)腐蚀介质中,在 800 ℃高温下,20 渗铝钢的腐蚀速度为 0.00013～0.00084 g/(cm^2 · h),20 钢的腐蚀速度为 0.01820～0.02442 g/(cm^2 · h),20 渗铝钢与 20 钢腐蚀速度比为 1:34～1:50。

表 9.7　渗铝钢在硫酸钠-氯化钠熔盐中(800 ℃,24 h)的腐蚀速度

| 组别 | 材料 | 熔盐成分/% | | 失重/g | 腐蚀速度 /[g/(cm² · h)] | 20 渗铝钢与 20 钢腐蚀速度比 |
		Na₂SO₄	NaCl			
I	20 钢	60	40	6.9320	0.01820	1:50
	20 渗铝钢			0.2520	0.00060	
	20 渗铝钢			0.5235	0.00013	
II	20 钢	70	30	9.7052	0.02442	1:34
	20 渗铝钢			0.3388	0.00084	
	20 渗铝钢			0.2438	0.00059	

资料来源:湖北云梦化工机械厂《钢件热浸铝试验研究报告》,1979.7。

6. 硫和硫醇中温腐蚀试验

A3 渗铝钢与 A3 钢在硫和硫醇介质中,在 350 ℃温度条件下使用一年后的耐腐蚀性能对比见表 9.8。

表 9.8　A3 渗铝钢和 A3 钢在硫和硫醇环境中的腐蚀试验结果

组别	材料	腐蚀环境	失重/g	A3 渗铝钢与 A3 钢的失重比	备注
I	A3 钢	炼油厂减压塔介质:硫和硫醇 温度:350 ℃	3.5440	1:29	因为试验时间不能精确到小时,没有计算出腐蚀速度
	A3 钢		3.4283		
	A3 渗铝钢		0.1423		
	A3 渗铝钢		0.1007		
II	A3 钢	同上	5.8292	1:230	
	A3 钢		5.4331		
	A3 渗铝钢		0.0210		
	A3 渗铝钢		0.0280		

注:参与试验的单位有石油部洛阳设备研究院、南京炼油厂、湖北云梦化工机械厂。

资料来源:湖北云梦化工机械厂《300—500 吨/年热浸铝中试车间试车生产技术报告》,1982.8。

试验结果表明,在硫和硫醇介质中,A3 渗铝钢与 A3 钢的失重比为 1:29～1:230。与 A3 钢相比,A3 渗铝钢的失重速度较小,使用寿命提高 20 至 200 倍。

7. 硫及其化合物低温腐蚀试验

A3 渗铝钢与 A3 钢在硫及其化合物介质中,在 67～160 ℃温度条件下挂片腐蚀试验结果对比见表 9.9。

试验结果表明,A3 渗铝钢与 A3 钢相比,在 SO_2、CO_2、H_2S、NH_3,160 ℃环境中耐腐蚀性能可提高 5 倍;在 H_2S,67 ℃环境中耐腐蚀性能可提高 26 倍;在液相硫化物,160 ℃环境中耐腐蚀性能可提高 28 倍;在 H_2S、CO_2,40 ℃环境中耐腐蚀性能可提高 99 倍。

表 9.9 A3 渗铝钢和 A3 钢在含硫化合物中的腐蚀速度

组别	材料	腐蚀环境	失重/g	腐蚀速度/(mm/a)	A3 渗铝钢与 A3 钢的平均腐蚀速度比
I	A3 钢	H_2S,67 ℃	1.0689	0.6260	1:26
	A3 钢		1.0719	0.6289	
	A3 渗铝钢		0.0543	0.0289	
	A3 渗铝钢		0.0383	0.0200	
II	A3 钢	H_2S、CO_2,40 ℃	2.4562	1.30	1:99
	A3 钢		2.3103	1.22	
	A3 渗铝钢		0.0251	0.012	
	A3 渗铝钢		0.0267	0.013	
III	A3 钢	SO_2、CO_2、H_2S、NH_3,160 ℃	0.9389	0.504	1:5
	A3 钢		0.9822	0.562	
	A3 渗铝钢		0.1564	0.0833	
	A3 渗铝钢		0.2403	0.1270	

续表 9.9

组别	材料	腐蚀环境	失重/g	腐蚀速度/(mm/a)	A3 渗铝钢与 A3 钢的平均失重速度比
Ⅳ	A3 钢	液相硫化物，160 ℃	0.7573	0.4750	1∶28
	A3 钢		0.7570	0.4780	
	A3 渗铝钢		0.0266	0.014	
	A3 渗铝钢		0.0392	0.021	

注:参与试验的单位有武汉石油化工厂、湖北云梦化工机械厂。

资料来源:湖北云梦化工机械厂《300—500 吨/年热浸铝中试车间试车生产技术报告》，1982.8。

8. NaCl 水溶液腐蚀试验

20 渗铝钢与 20 钢在 30％NaCl 水溶液静态腐蚀介质中，在常温下腐蚀试验结果对比见表 9.10。

试验结果表明，20 渗铝钢的腐蚀速度为 0.00026～0.00035 g/(cm² · 月)，20 钢的腐蚀速度为 0.00130～0.00131 g/(cm² · 月)，与 20 钢相比，20 渗铝钢耐腐蚀性能提高 4.3 倍。

表 9.10　20 渗铝钢和 20 钢在 NaCl 水溶液中的静态腐蚀速度

样号	材料	表面积/cm²	失重/g	腐蚀速度/[g/(cm² · 月)]	20 渗铝钢与 20 钢平均失重速度比
1	20 钢	16.30	0.02137	0.00130	1∶4.3
2	20 钢	15.93	0.02064	0.00131	
3	20 渗铝钢	17.90	0.00630	0.00035	
4	20 渗铝钢	17.59	0.00454	0.00026	

资料来源:湖北云梦化工机械厂《钢件热浸铝试验研究报告》，1979.7。

9. 氨水溶液腐蚀试验

20 渗铝钢与 20 钢在氨水池内挂片腐蚀试验结果对比见表 9.11。

试验结果表明,20 渗铝钢的腐蚀速度为 $0.01 \sim 0.017$ mm/a,20 钢的腐蚀速度为 $0.97 \sim 1.08$ mm/a,与 20 钢相比,20 渗铝钢耐腐蚀性能提高 76 倍。

表 9.11　20 渗铝钢和 20 钢在氨水溶液中的腐蚀速度

样号	材料	失重/g	腐蚀速度 /[g/(cm² · 月)]	20 渗铝钢与 20 钢的平均腐蚀速度比	介质条件
1	20 钢	2.3184	1.08		浓氨水碱度: 9 N, 室温
2	20 钢	2.0984	0.97	1:76	
3	20 渗铝钢	0.0256	0.01		
4	20 渗铝钢	0.0460	0.017		

注:参与试验的单位有湖北云梦化肥厂、湖北云梦化工机械厂。

资料来源:湖北云梦化工机械厂《300—500 吨/年热浸铝中试车间试车生产技术报告》, 1982.8。

10. 含乙烷乙烯油气腐蚀试验

A3 渗铝钢在石油化工厂吸收解析塔、稳定塔中挂片 8 个月腐蚀试验结果见表 9.12。

试验结果表明,A3 渗铝钢的腐蚀速度为 $0.005 \sim 0.0129$ mm/a,A3 钢的腐蚀速度为 $0.0585 \sim 0.209$ mm/a,与 A3 钢相比,A3 渗铝钢耐腐蚀性能提高 $1.44 \sim 11.61$ 倍。

表 9.12　渗铝钢在吸收解析塔、稳定塔中(8 个月)的腐蚀速度

样号	挂片试验部位	试验压力/ (kg/cm²)	温度/℃	介质	腐蚀速度/(mm/a) 渗铝钢	腐蚀速度/(mm/a) A3 钢
1	吸收解析塔下段 26 层	$9 \sim 9.9$	$116 \sim 119$	含乙烷、乙烯的汽油	0.018	0.209

续表 9.12

样号	挂片试验部位	试验压力/（kg/cm²）	温度/℃	介质	腐蚀速度/（mm/a）	
					渗铝钢	A3 钢
2	吸收解析塔上段 30 层	9～9.9	41～42	不凝油气和粗汽油	0.129	0.186
3	稳定塔第 1 层	9.2～9.9	152	脱乙烷汽油	0.007	0.0962
4	稳定塔第 41 层	9.2～9.9	45～47	C_1～C_4 组分物及汽油	0.005	0.0585

资料来源：武汉石油化工厂《渗铝钢在我厂试验情况的报告》，1980.11。

9.2.3　分析与结论

1. 试验与应用表明，热浸镀铝材料在硫化氢、含氰污水、稀硝酸、弱碱、卤水、矾类、钠类、氨类、硫类、煤气、烟气等腐蚀介质中具有较好的抗腐蚀性能。

2. 在常温或 500 ℃以下中低温状态下，表面覆盖有浸渍型热浸镀铝层的钢铁材料（镀铝钢），因为表面铝覆盖层致密度好，铝-铁合金层孔隙、裂纹较少，耐腐蚀性能比表面覆盖有扩散型热浸镀铝层的钢铁材料（渗铝钢）更好。

3. 500 ℃以上高温状态下，表面覆盖有扩散型热浸镀铝层的钢铁材料，因为表面没有铝覆盖层，热稳定性更好，耐热腐蚀性能比表面覆盖有浸渍型热浸镀铝层的钢铁材料更好。

4. 热浸镀铝材料腐蚀失效，或从热浸镀铝层覆盖遗漏（漏镀或漏渗）处开始，直至腐蚀铁基金属基体；或从热浸镀铝层孔隙或裂纹处开始，至孔隙或裂纹程度加剧，腐蚀介质沿着孔隙或裂纹通道穿透热浸镀铝层，侵入铁基金属基体，最终导致热浸镀铝层彻底破坏（失去保护功能），铁基金属基体腐蚀。

5. 热浸镀铝层具有抗高温氧化和耐腐蚀双重性能。

10 热浸镀铝容器失效与保护

热浸镀铝容器又称热浸镀铝用熔铝容器，其材料有的选用非金属材料，如石墨、陶瓷等；有的选用铁基金属材料，如碳素钢、不锈钢、铸铁等。由于前者强度低、导热性差、制作困难，因此大规模生产应用较少。选用后者，熔融铝液对铁基金属基体的侵蚀（习惯上称为铝蚀）破坏是一个十分突出的问题。例如，12 mm 厚的 A3 钢熔铝坩埚仅 17 h 时就穿孔，40 mm 厚的碳素钢熔铝槽使用寿命只有 300 h 左右。

铁基热浸镀铝容器的失效可分为初期失效与终期失效。初期失效直接影响工件热浸镀铝质量，因为容器表面的铁溶入铝液中，降低了铝液的纯度与活性，导致工件表面粗糙、热浸镀铝层铝浓度降低、缺陷增多；终期失效直接导致容器损坏，降低生产效率，增加生产成本，甚至引发生产事故。因此，铁基热浸镀铝容器的保护是一个值得认真研究的课题。

本章从试验研究和生产实践两方面分析铁基热浸镀铝容器的失效原因及其保护措施。

10.1　铁基热浸镀铝容器失效原因

10.1.1　容器内壁"铝蚀"损坏

1. 容器内壁表面铁原子直接向铝液中扩散

在热浸镀铝处理工艺条件下，容器表面铝原子直接向铝液中扩散是铁基热浸镀铝容器失效的主要原因。

高温下,铁基热浸镀铝容器与熔融铝液直接接触,铝铁原子间具有相互扩散的能力,一部分铁原子直接向铝液中扩散。

试验表明,760 ℃时,铁基金属(A3 钢熔铝容器)中的铁原子向铝液中扩散的速率为 0.0522 g/(min·100cm^2),其扩散量大致与熔铝时间成正比,铝液中含铁量与熔铝时间关系曲线见图 10.1。[19]

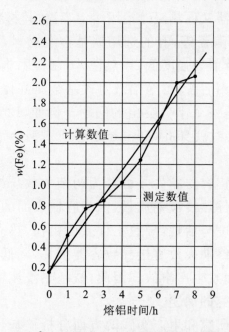

图 10.1　760 ℃ 时铝液中含铁量与熔铝时间关系曲线

铝液中的含铁量是关系到铝液的活性、积渣程度,关系到工件热浸镀铝质量的重要指标,铝液中的大致含铁量可按下式计算:

$$X = \frac{F \cdot S \cdot T}{W} \cdot K \times 100\%$$

式中　X——铝液中的含铁量(%);

　　　F——铁向铝液中的扩散速度[0.0522 g/(min·100 cm^2)];

　　　S——铁与铝液接触的表面积(热浸镀铝容器与工件表面积之和)(cm^2);

T——熔铝时间(min)；

W——铝液质量(g)；

K——系数,其值为 1.108。

760 ℃时,A3 钢在 0～8 h 内分别向铝液中扩散的铁含量,其计算数值与测定数值见表 10.1。

表 10.1　铝液中含铁量计算数值与测定数值对照表

熔铝时间/h	0	1	2	3	4	5	6	7	8
计算值/%		0.42	0.66	0.90	1.14	1.38	1.62	1.86	2.10
测定值/%	0.18	0.46	0.71	0.83	1.03	1.23	1.55	1.95	2.06

注:① 0.18 为铝锭中的含铁量;

② 熔铝温度为 760 ℃。

大量的铁原子扩散进入铝液中,不仅使铁基热浸镀铝容器因为铁原子损失造成缺陷,还直接影响工件热浸镀铝质量,因为铁在铝液中的浓度不断增加,导致铝液中结渣或在工件表面附渣,并导致热浸镀铝层产生孔隙、裂纹甚至镀层脱落等缺陷。

2. 容器内壁"铝蚀"减薄

在热浸镀铝处理工艺条件下,熔融铝液对容器内壁"铝蚀"破坏,是铁基热浸镀铝容器失效的主要原因。

由于铁基热浸镀铝容器内壁表面活性状态不一致,与熔融铝液接触,大部分表面不具有吸收铝原子的条件,但有的表面具有吸收活性铝原子的条件,形成局部铝-铁合金(Fe_2Al_5)层,铝原子通过 Fe_2Al_5 合金相层的晶格高速扩散和生长,不间断地加厚铝-铁合金层。这种 Fe_2Al_5 合金相层在熔铝过程中,在热扩散和组织转变应力作用下,不断形成与剥落,导致铁基热浸镀铝容器内壁非均匀性变薄。此外,这种 Fe_2Al_5 合金相层因为层下铁基金属氧化以及工件摩擦碰撞,造成剥落,加速铁基热浸镀铝容器局部变薄失效,直至"铝蚀"穿孔。

图 10.2(a)是在工艺温度 760 ℃,连续使用时间 726.5 h 后,铁基(A3 钢)热浸镀铝容器"铝蚀"穿孔后的内壁"铝蚀"照片。从图中可以看出,Fe_2Al_5 相杂乱无章地向铁基金属基体伸展,最大厚度达到 1.5 mm,Fe_2Al_5 相层和相界面存在较多孔隙和裂纹。铁基热浸镀铝容器"铝蚀"性减薄,局部达到 4.5 mm。

图 10.2(b)是在工艺温度 760 ℃,连续使用 1075 h 后,铁基(A3 钢)热浸镀铝容器"铝蚀"穿孔后的内壁"铝蚀"照片,从图中可以看出,金属表面残缺不全,杂乱的 Fe_2Al_5 相特别粗大,相层内部、相层之间,与基体金属结合面之间存在较多较严重的孔隙、裂纹等缺陷,晶界氧化严重,容易与基体金属脱落。

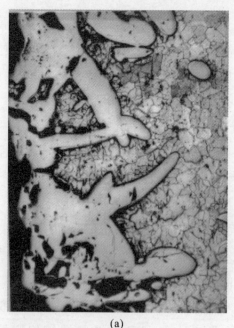

(a)

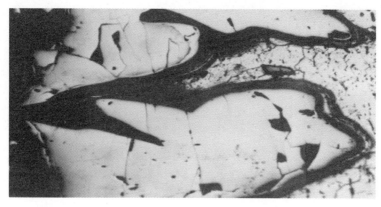

(b)

图 10.2　A3 钢热浸镀铝容器"铝蚀"穿孔后内壁组织

(a)熔铝时间 726.5 h(50×)；(b)熔铝时间 1075 h(200×)

10.1.2　容器外壁高温氧化损坏

长时间加热，外壁高温氧化损坏是铁基热浸镀铝容器失效的重要原因。

1. 碳素钢热浸镀铝容器外壁氧化损坏

900 ℃高温下，碳素钢氧化增重速率与时间关系曲线见图 10.3，其高温氧化速率与熔铝时间正相关。

由于碳素钢成型工艺性能和焊接性能较好，成本相对低廉，在大型工件热浸镀铝处理的生产实际中，应用碳素钢制作热浸镀铝容器的案例较多。

A3 钢热浸镀铝容器外壁在 800～850 ℃高温下，连续使用720 h 后的外壁组织见图 10.4。

由图 10.4 中可见，铁基金属晶粒特别粗大，粗晶由表及里向金属基体内部生长，且晶界严重氧化。伴随粗大晶粒现象出现裂纹，裂纹源在金属表面，由表及里向金属基体内部延伸。随着高温氧化破坏程度的加剧，容器外壁不断起皮、剥落、变薄、强度下降，直至铁

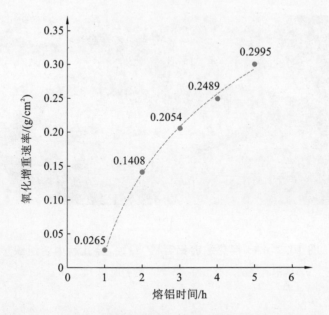

图 10.3　900 ℃时碳素钢氧化增重速率与时间关系曲线

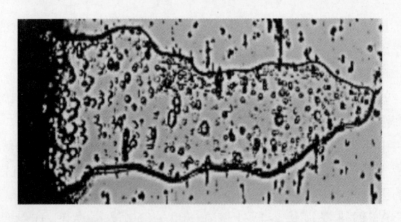

图 10.4　A3 钢热浸镀铝容器连续使用 720 h 后的外壁组织（75×）

基热浸镀铝容器损坏。

2. 奥氏体不锈钢热浸镀铝容器外壁氧化损坏

由于奥氏体不锈钢热浸镀铝容器内壁抗"铝蚀"性能和外壁抗氧化性能都比碳素钢好，用作热浸镀铝容器使用寿命相对较长，但其失效现象也不容忽视。

1Cr18Ni9Ti 钢热浸镀铝容器外壁在 800～850 ℃高温下累计加热 2500 h 后的外壁组织见图 10.5。

从图 10.5 中可以看出,外表面明显脱碳,在脱碳层下形成微裂纹,且裂纹沿着奥氏体晶界向基体金属延伸。裂纹长达 1.5 mm,在基体金属内部形成网络。氧化物沿着裂纹通道进入基体金属内部,形成孔隙等缺陷,造成高温氧化损坏。

与碳素钢热浸镀铝容器相比,奥氏体不锈钢热浸镀铝容器中形成的裂纹其裂口宽度较小,但裂纹长度较长,裂纹中及两侧氧化腐蚀产物相对较少。

究其原因:

因为奥氏体不锈钢具有优良的耐热性能,不容易宏观氧化起皮或微观分层剥落,以至于在热应力作用下,一旦形成热裂纹,即由表及里沿奥氏体晶界深入基体金属内部,在金属或非金属夹杂物处构成网络并造成孔隙等缺陷,且氧化气氛沿着裂纹通道侵入,造成叠加破坏。

相比之下,碳素钢耐热性相对较差,一旦形成热裂纹,将导致宏观氧化起皮或微观分层剥落,在基体金属中留存的裂纹长度相对较小,但裂口宽度相对较大,裂纹中及两侧产生的氧化及腐蚀产物相对较多。

由于不锈钢材料成本相对较高,往往用作小型热浸镀铝容器;而大型热浸镀铝容器制作则选用碳素钢较多。

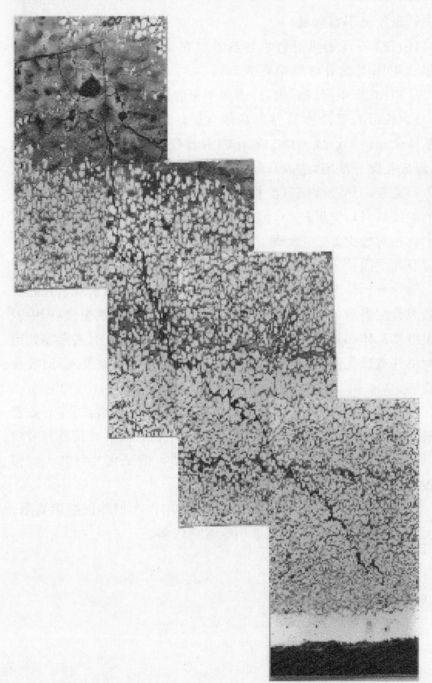

图 10.5　1Cr18Ni9Ti 钢热浸镀铝容器累计使用 2500 h 后的外壁组织（100×）

10.2 铁基热浸镀铝容器保护措施

10.2.1 内壁防"铝蚀"

铁基热浸镀铝容器的失效是由熔融铝液与铁基金属直接接触引起的。因此,必须在铝液与铁基金属之间添加屏障层隔离,阻止"铝蚀"。制作这种屏障层最简单的办法是使用化学涂料。初步的涂料保护试验是在铁基热浸镀铝容器表面涂刷硅酸盐水泥、石灰等简易材料,达到一定的防"铝蚀"效果,但是这类简易涂料对铁基金属缺乏足够的附着力,涂层容易断裂或剥落,失去防护作用。

通过试验分析得知,铁基热浸镀铝容器防"铝蚀"涂料必须具备三个条件:

① 在热浸镀铝处理工艺条件下,对铝液具有惰性,能有效地隔离高温铝液与铁基金属,阻止铝铁原子相互扩散;

② 与铁基金属表面具有一定的结合强度,不易脱落;

③ 对铁基金属表面具有一定的抗高温氧化保护作用,降低铁基金属表面氧化速率,预防因涂料层与层下氧化铁皮一同剥落而失去保护作用。

经过反复试验、研究得知,采用耐高温的金属氧化物微粒、耐高温的无机胶黏剂调和的防"铝蚀"涂料,能一定程度地满足上述条件。

例如,在试验状态(铝液温度 780 ℃±20 ℃;熔铝时间 995 h)使用"ZFS"防铝蚀专用涂料,对小型热浸镀铝容器内壁保护性能良好:内壁无明显"铝蚀"现象;铝液液面以下氧化铁皮厚约 0.4 mm,底部氧化铁皮厚约 0.2 mm;外壁氧化减薄 1.2～1.5 mm。"ZFS"防铝蚀专用涂料对铁基金属的粘接强度测试结果见表 10.2。[19]

表 10.2　"ZFS"防铝蚀专用涂料对碳素钢的粘接强度测试结果

试样号	剪切强度/(N/cm²)	备　注
1	471.7	
2	372.7	
3	593.3	碳素钢套接粘接
4	535.5	
5	531.5	
6	402.1	

在工作状态(铝液温度 720～800 ℃)使用 Ca-Si 类防铝蚀涂料保护热浸镀铝容器(ϕ280×500 mm;A3 钢;厚 12 mm),使用寿命可从 17 h 提高到 696～1075 h。[16]

10.2.2　外壁防氧化

具有优良的耐热抗氧化性能的扩散型热浸镀铝层,适用于铁基热浸镀铝容器的外壁保护。铁基热浸镀铝容器外壁获得扩散型热浸镀铝层的方法有三种:

① 对于小型热浸镀铝容器,可采取由外壁渗铝,内壁不渗铝的预制板材焊接成型;

② 对于大型热浸镀铝容器,可采取外壁热喷涂法渗铝;

③ 可采取在外壁涂敷渗铝料浆后,利用热浸镀铝炉加热,进行非正规的"半熔烧型、半扩散型"料浆渗铝。

以上三种方法对于铁基热浸镀铝容器外壁防氧化保护效果明显,但是实际生产中应用较少。原因是铁基热浸镀铝容器使用寿命较短,一般在 1000 h 以内,外壁氧化层减薄有其规律性,以加大壁厚代替保护处理的案例较多。

10.2.3 制作容器选材

生产应用中,制作热浸镀铝容器主要有四种选材方式:

①选用碳素钢并对容器内壁施加涂层(包括非金属涂层和金属涂层)保护;

②选用富碳硅的铸铁或合金铸铁;

③选用富铬镍的耐热钢;

④选用钢铁材料并对内壁用石墨材料作防"铝蚀"衬里。

试验证明,碳含量为 3.32% 的铸铁坩埚,经过 800 ℃熔铝试验 24 h,铝液倒出后发现:坩埚内壁局部有石墨富集,有石墨富集的地方没有铝渣粘附。究其原因:铁原子的损失造成石墨富集;石墨的富集阻碍了铝、铁原子间相互扩散。

生产实践证明,熔炼铝-硅合金的壁厚为 30 mm 的灰口铸铁坩埚使用寿命为 150~250 h。

如第 3 章 3.1 节所述,由于硅在扩散进入铁基金属晶格后能够一定程度地降低铝-铁合金(Fe_2Al_5)相的生长速率,因此也能一定程度地减缓热浸镀铝容器的"铝蚀"速率。

试验证明,铬镍不锈钢热浸镀铝容器使用寿命相对较长。原因是:铝原子在晶体密集系数较大的具有面心立方结构的 γ-Fe 中扩散相对较慢,在铁基热浸镀铝容器表面形成铝-铁合金的速率相对较低,具有一定的"铝蚀惰性";且铬镍不锈钢表面的氧化铬(Cr_2O_3)薄膜阻碍铝铁原子间的扩散与化合,具有一定的"抗渗作用"。经验证,Cr_2O_3 涂料具有优良的保护铁基金属防"铝蚀"效果。铬镍不锈钢的抗高温氧化性能优于碳素钢等其他材料。

由此可见,选择铸铁或铬镍不锈钢制作小型热浸镀铝用熔铝容器是可行的,但是,大中型热浸镀铝容器铸造困难,且因为铸造缺陷引起容器局部失效的可能性较大。另外,大中型铬镍不锈钢热浸镀铝容器成本太高,且长时间使用引起的热裂纹(图 10.5)现象不容忽视。

选择石墨为铁基热浸镀铝容器"衬里",效果较好,但工艺相对复杂,成本相对较高,且"衬里"下面的铁基金属防氧化仍然是难题。

生产实际中,选用碳素钢,并使用非金属涂料或热喷涂金属涂层保护热浸镀铝容器内外壁,性价比相对较高。

10.3　分析与结论

长期以来,热浸镀铝容器的失效原因分析与保护措施探讨,既是工作难题,也是研究课题。

1. 铁基热浸镀铝容器损坏往往是因为局部缺陷引起的,发现有一处鼓包或穿孔,整个容器就报废。热浸镀铝容器穿孔造成的后果是较严重的。为了预防穿孔现象发生,往往提前结束其使用寿命,导致其有效使用寿命比实际使用寿命更短。

2. 铁基热浸镀铝容器的失效,分为"铝蚀失效"和"高温氧化失效"两大类。内壁两种现象并存;外壁不存在"铝蚀失效",只存在"高温氧化失效"现象。

3. 铁基金属因为铝元素的渗入,铝、铁原子间的扩散与化合,形成铝-铁合金层,此现象称为"镀铝",它为铁基金属表面提供耐热抗腐蚀保护,这是选择热浸镀铝处理工艺的原因。但是,同样是因为铝元素的渗入,铝、铁原子间的扩散与化合,形成铝-铁合金层,高温液态铝对铁基热浸镀铝容器造成侵蚀性破坏却成为一种独特现象,即"铝蚀"现象。

究其原因,二者区别在于:

① 前一种现象发生在热浸镀铝处理工艺状态下,在较短的时间内(几十秒钟至十几分钟)在铁基金属(工件)表面形成完整的铝-铁合金层,隔离并保护铁基金属中的铁原子不再向铝液中扩散。

②　后一种现象发生在熔铝过程中,在铁基金属(热浸镀铝容器)表面局部形成铝-铁合金层,但没有也不可能形成完整的连续的铝-铁合金层,不能有效隔离铁基金属中的铁原子持续(几十个小时至几百个小时)向铝液中扩散。且局部形成的铝-铁合金层因为其层下的氧化现象或工件碰撞等因素从容器表面脱落。

前一种现象是规律性的;后一种现象是不规律性的,不规律性扩散现象导致铁基金属表面局部缺陷。

前一种现象,因为表面铝-铁合金层完整,能够对铁基金属(工件)进行有效防护;后一种现象,因为表面铝-铁合金层不完整,不能阻止铁基金属(热浸镀铝容器)中的铁原子持续损失及局部损坏。

4.　在热浸镀铝处理工艺状态下,铁基热浸镀铝容器内壁铁原子持续向铝液中扩散,容器内部"铝蚀"减薄,容器外壁持续高温氧化,这些是导致铁基热浸镀铝容器失效的重要原因。

5.　内壁防"铝蚀",外壁防氧化,不仅关系到铁基热浸镀铝容器的使用寿命,而且关系到钢铁热浸镀铝制品的质量,及热浸镀铝的生产安全、成本和效率。

采取有效办法保障热浸镀铝容器长期、安全使用,是一个值得深入研究的课题。在这里提出一个思路:利用"硫氮碳共渗层"保护热浸镀铝容器内壁防"铝蚀",外壁抗氧化。制作热浸镀铝容器的钢铁材料(碳素钢或耐热不锈钢),先分块进行表面硫氮碳共渗处理,获得表面保护层后再组装成型。这是笔者进行了初步探索但没有完成的课题,希望同行们能有实践性成果。LT硫氮碳共渗层的组织性能与工艺特点见附录5。

附录 1
扩散型热浸镀铝层孔隙级别显微镜评定法[①]

1 仪器
各种类型的金相显微镜。

2 试样制备
2.1 以机械方法在冷态切取试样,其横断面应垂直于热浸镀铝层。

2.2 试样应镶嵌或用夹具夹持,以防倒角。

2.3 试样研磨后进行抛光。

3 孔隙级别评定
3.1 孔隙级别评定在试样抛光面进行。

3.2 孔隙级别按附表 1.1 和附图 1.1 进行评定,共分为 6 级。

附表 1.1 孔隙级别与特征

级 别	最大孔径/mm	补充说明
1	$\leqslant 0.015$	
2	$>0.015 \sim 0.030$	
3	$>0.030 \sim 0.060$	
4	$>0.060 \sim 0.120$	
5	>0.120	未构成网络
6	>0.120	已构成网络

注:椭圆形孔径以其长、短轴的算术平均值确定。

---

① 此方法摘录自 GB/T 18592《金属覆盖层 钢铁制品热浸镀铝 技术条件》附录 B。

3.3　评定结果以试样最大孔隙级别表示。

3.4　放大倍率一般为 200 倍。

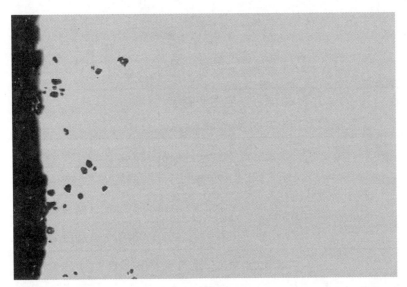

1级

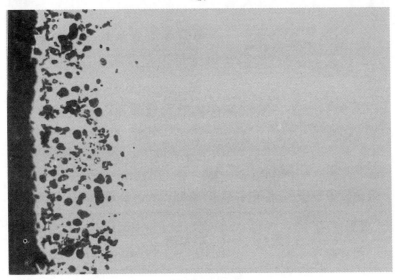

2级

附图 1.1　孔隙评级图（200×）

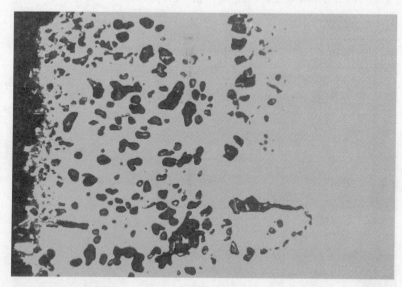

3级

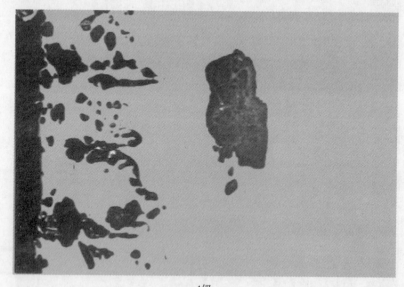

4级

附图 1.1（续）

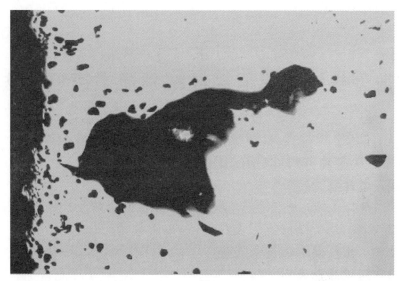

5级

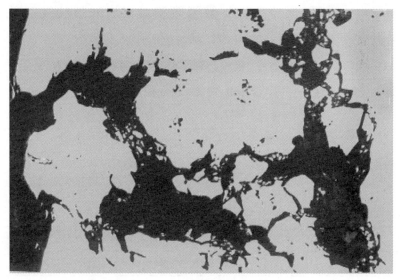

6级

附图 1.1（完）

附录 2
扩散型热浸镀铝层裂纹级别显微镜评定法[①]

1 仪器
各种类型的金相显微镜。

2 试样制备
2.1 以机械方法在冷态切取试样，其横断面应垂直于热浸镀铝层。

2.2 试样应镶嵌或用夹具夹持，以防倒角。

2.3 试样研磨后进行抛光。

3 裂纹级别评定
3.1 裂纹级别评定在试样抛光面进行。

3.2 碳素钢、低合金钢扩散型热浸镀铝层的裂纹级别（甲系列）按附表 2.1 和附图 2.1 分为 7 级。

附表 2.1 裂纹级别与特征（甲系列）

级　　别	0.35 mm×0.50 mm 面积内裂纹总长度/mm
0	0
1	＞0～0.10
2	＞0.10～0.20
3	＞0.20～0.40
4	＞0.40 构成半网络
5	＞0.40 构成网络
6	＞0.40 构成多个网络

3.3 中、高合金钢扩散型热浸镀铝层的裂纹级别（乙系列）按

---

① 此方法摘录自 GB/T 18592《金属覆盖层 钢铁制品热浸镀铝 技术条件》附录 C。

附表 2.2 和附图 2.2 分为 7 级。

　3.4　评定结果以试样最大裂纹级别表示。

　3.5　放大倍率一般为 200 倍。

0级

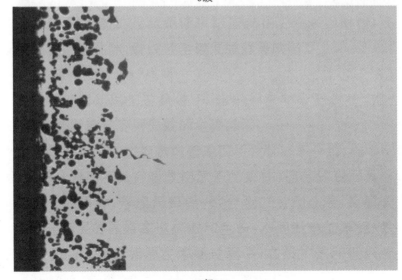

1级

附图 2.1　甲系列裂纹评级图（200×）

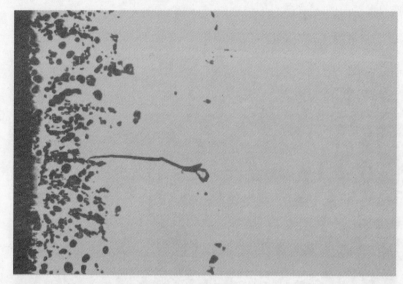

2级

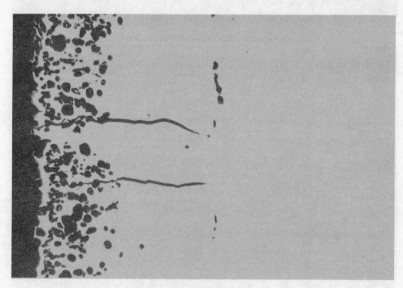

3级

附图 2.1（续）

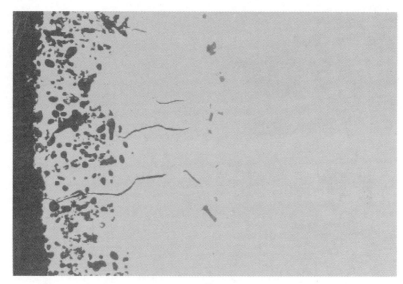

4级

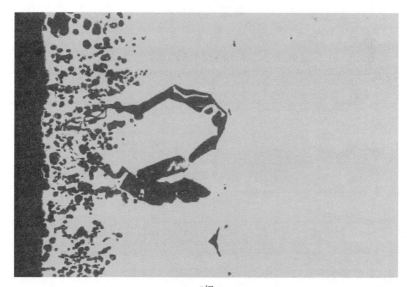

5级

附图 2.1（续）

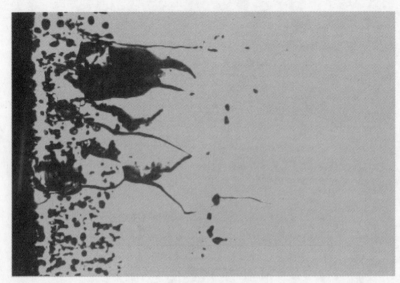

6级

附图 2.1（完）

附表 2.2　裂纹级别与特征（乙系列）

级　　别	0.35 mm×0.50 mm 面积内裂纹总长度/mm
1	≤0.20
2	>0.20～0.30
3	>0.30～0.40
4	>0.40～0.50
5	>0.50,最大裂口宽度≤0.02
6	>0.50,最大裂口宽度>0.02～0.04
7	>0.50,最大裂口宽度>0.04

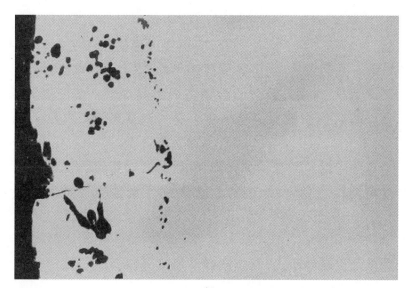

1级

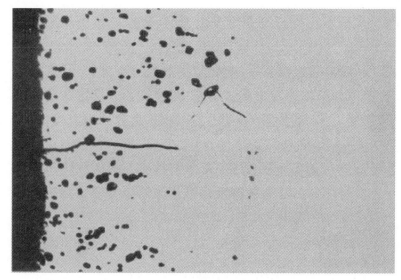

2级

附图 **2.2**　**乙系列裂纹评级图(200×)**

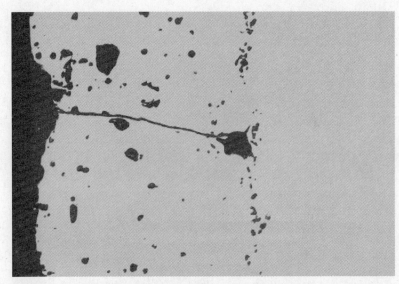

3级

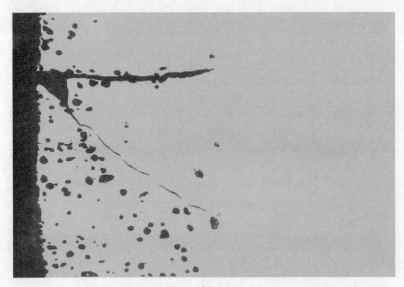

4级

附图 2.2(续)

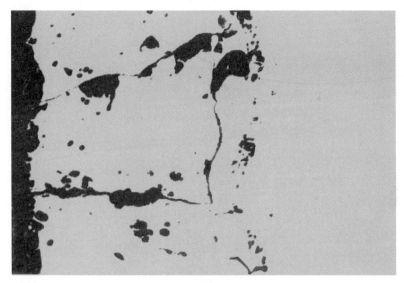

5级

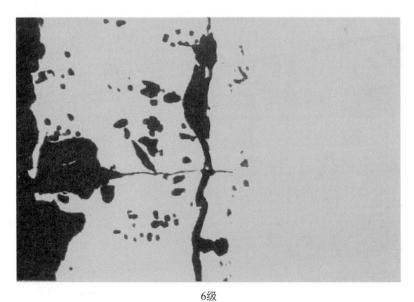

6级

附图 2.2（续）

7级

附图 2.2（完）

附录 3
扩散型热浸镀铝层与基体金属
界面类型评定法^①

扩散型热浸镀铝层与基体金属界面类型与特征见附表 3.1。
界面类型参考图见附图 3.1。

附表 3.1 界面类型与特征

类　　型	扩散型界面线特征
A	界面线为曲线,曲度较大
B	界面线为曲线,曲度较小
C	界面线为双线,曲度较小
D	界面线近似于直线或近似于直线并有柱状晶嵌入
E	界面线为直线

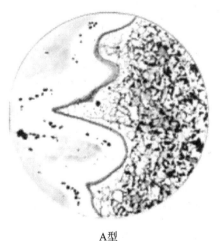 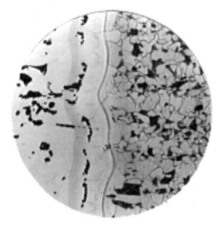

A型　　　　　　　　　　　　　　　B型

附图 3.1 界面类型参考图(200×)

---

① 此方法摘录自 GB/T 18592《金属覆盖层 钢铁制品热浸镀铝 技术条件》附录 D。

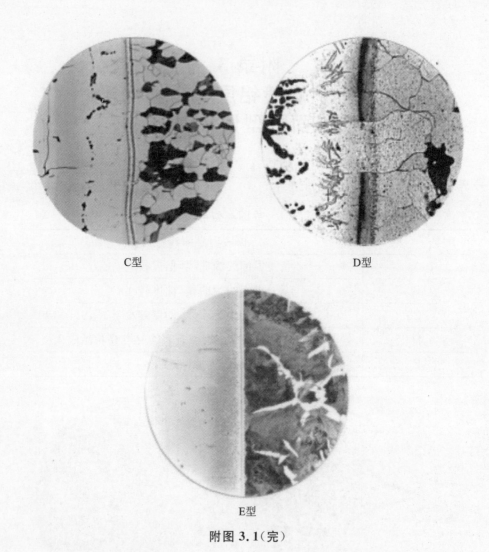

C型　　　　　　　　　　　　　　D型

E型

附图 3.1（完）

附录 4
钢铁热浸镀铝工艺及质量检验标准
演变及应用案例[①]

1. GB/T 18592—2001《金属覆盖层 钢铁制品热浸镀铝 技术条件》标准演变

a. ZB J36 011—89《钢铁热浸铝工艺及质量检验》

由机械电子工业部发布。

1989-02-27 发布;1990-01-01 实施。

由武汉材料保护研究所提出并归口。

负责起草单位:武汉材料保护研究所、湖北云梦化工机械厂。

主要起草人:赵晓勇、杨开任。

1993 年,该标准获湖北省政府科技进步三等奖。

b. JB/T 9206—1999《钢铁热浸铝工艺及质量检验》

由国家机械工业局发布。

1999-06-24 发布;2000-01-01 实施。

由全国热处理标准化技术委员会提出并归口。

负责起草单位:武汉材料保护研究所、湖北云梦化工机械厂。

主要起草人:赵晓勇、吴勇。

c. GB/T 18592—2001《金属覆盖层钢铁制品热浸镀铝技术条件》

由中华人民共和国国家质量监督检验检疫总局发布。

2001-12-17 发布;2002-06-01 实施。

由中国机械工业联合会提出。

---

① 本附录内容摘录自湖北省科技进步奖励评审 GB/T 18592《金属覆盖层 钢铁制品热浸镀铝技术条件》标准项目申报材料,2005 年。

由全国金属与非金属覆盖层标准化技术委员会归口。

负责起草单位:武汉材料保护研究所、湖北云梦化工机械厂。

参加起草单位:中国科学院力学研究所。

主要起草人:赵晓勇、吴勇、夏原。

2005 年,该标准获湖北省政府科技进步三等奖。

2. 国家标准 GB/T 18592—2001《金属覆盖层钢铁制品热浸镀铝技术条件》应用案例

案例 1

我国热浸镀铝研究与产业化工作在过去由于缺乏国家标准作为依据,推广应用受到极大影响。因此,急需制定与我国情况相适应的标准来规范市场化行为。热浸铝第一个标准 ZB J36 011—89 的发布,在一定程度上推动了热浸镀铝技术的发展。我所自 1999 年开始,依据 JB/T 9206—1999《钢铁热浸铝工艺及质量检验》进行高速公路护栏的热浸稀土铝镀层表面处理工作。与企业先后签订了近 450 万元的技术转让合同,包括微机控制热浸稀土铝主体设备设计研制、热镀生产线后处理输料悬链自控系统设计研制、微机控制专用铝-锌-硅合金镀层工频感应炉的研制、高速公路护栏热浸镀稀土铝合金工艺技术等一系列技术转让内容,并依据最新发布的国家标准 GB/T 18592—2001,深化发展了超声镀铝技术及稀土铝镀层。

同时,依据国家标准制定了企业标准《热浸稀土铝高速公路护栏》,编号:Q/LX001—2000,用于指导工业生产。2000 年 2 月,将热浸铝高速公路护栏的产品送交通部工程检测中心,经检验,《波形梁钢护栏》(交检检(护)字[2000]第 008 号)的镀层产品合格,可用于工业化生产。检测报告所依据的标准为 JB/T 9206—1999《钢铁热浸铝工艺及质量检验》。

在深入研究及依据国家标准 GB/T 18592—2001《金属覆盖层钢铁制品热浸镀铝 技术条件》的基础上,我所先后获得授权发明专利 3 项,即:一种热浸镀稀土铝的方法(99127119. X)、一种热浸镀的稀土铝合金(99127120.3)、从局部高温区中取物的起重运输装置(01141492.8),获得 1 项实用新型专利,即:一种用于热浸镀稀土铝或锌回转式组合装置(99216853.8)。多年来开展了"稀土对热浸镀铝层组织特性影响行为的研究"、"热浸稀土镀铝层在海洋环境中的腐蚀机制"等 10 余项省、市级青年科学基金课题研究,发表文章近 30 余篇,培养研究生 6 人。2000 年获得了国家自然科学基金的项目支持,进行钢材热浸铝与浸扩铝层组织演变及优化研究。实践证明,无论在理论研究上,还是在与企业结合的实际应用中,该项国家标准实用性强,研究中有明确的依据,有利于国家热浸镀铝事业的发展,为企业提供技术合作的平台。该标准具有较强的经济效益和社会效益。

中国科学院力学研究所

2005 年 4 月 8 日

案例 2

山东泰安交通设施有限责任公司是山东鲁能泰山集团投资六千万元兴建的一个以生产高速公路护栏、护网以及各种高频焊管、型材等金属制品的新兴公司,是经国家经贸委和交通部批准立项的交通设施专业厂。

高速公路护栏热镀生产线设计年产量为 2 万吨。公司采用中科院力学研究所专利技术"热浸镀稀土铝合金的方法",以此项技术生产的高速公路护栏板,经交通部交通工程检测中心检测符合国家有关标准要求,为合格产品。现场运行表明,由中科院力学研究所提供的此项技术适合规模化生产,技术可靠。

山东泰山交通设施有限责任公司

2000 年 1 月 11 日

案例 3

GB/T 18592—2001 标准自颁布以来，对我们在渗铝钢的应用与开发方面起到了较大的作用。

我们是国内较早使用渗铝钢的单位。十多年来，我们在化工、石油、电力等领域开发了多种采用渗铝钢的换热及化工设备。在该标准颁布之前，我们仅参考美国或日本的标准进行质量控制或检验，有的甚至无标准可循，仅凭我们的信誉保证或使用单位的目测来检验，因此常造成一些不应发生的事故。如设备制成后才发现渗铝质量有问题，从而导致设备返工或降级使用。

该标准从试用到正式发布，经过了认真的研究和修订，已在工业生产中广泛使用。我们以该标准为依据，采用合格的渗铝钢成功试制了炭黑高温空气预热器、化肥厂软水加热器、换热器、碳化塔水箱、炼油厂硫化氢输送管、煤气化厂煤气输送管、电站锅炉水冷壁管、硫酸换热器等多种设备。由于渗铝钢有了质量检验标准，所以产品质量比无标准时有较大的提高，在所运行的多台设备中未出现渗铝质量造成的设备失效。由于有标准可循，使用厂家也对采用渗铝钢感到放心，这对我们推广新产品起到了极大的推动作用。

该标准实施后多年时间内，我们所开发的产品使用渗铝钢五百多吨，其中热交换器还获得国家级新产品证书。由于采用这一先进的材料和新技术使设备寿命延长，停车次数减少，设备造价降低，因此创造的经济效益在五千万元以上。由于经济效益明显，我们开发的产品用户越来越多，使用范围也越来越广，这与该标准正确实施所起的作用是分不开的。

华中科技大学化学系

武汉华大化工热能研究所

2005 年 4 月 15 日

3. 国家专业标准 ZB J36 011—89《钢铁热浸铝工艺及质量检验》应用案例

案例 4

社会效益：

由武汉材保所和湖北云梦化工机械厂制定的 ZB J36 011《钢铁热浸铝工艺及质量检验》标准经我中心应用于武钢热轧加热炉连接板和销钉的渗铝处理后，在工艺、质量控制和经济效益等方面均发挥了重要作用。1989—1990 年间，我中心处理连接板和销钉各 20 余吨，创经济效益 30 余万元。

应用情况：

武钢热轧厂加热炉连接板和销钉系固定炉内耐火材料用的，工作温度为 1300～1600 ℃。为提高这种由普通钢板制作的连接板使用寿命，工艺宜采用渗铝处理，以获得耐热抗蚀性能。我中心原采用固体渗铝法处理，但工件表面粘接物多且难以清除，光洁度很差，不能使用，被迫放弃该产品生产而转由外厂处理。后采用 ZB J36 011《钢铁热浸铝工艺及质量检验》所提供的工艺方法后，我们采用热浸铝工艺一举获得成功。工件经扩散退火后，表面光洁，呈银灰色，按标准所提供的检验规则，未出现严重裂纹和漏渗现象，产品质量明显提高，经武钢热轧厂认可后，应用于加热炉内，满足了生产需要。

武汉钢铁公司热处理中心

1992 年 3 月 25 日

案例 5

近年来，我厂已为电力、化工、石油、冶金等部门加工了约 600 吨渗铝钢，为用户解决了许多难题，取得了明显的经济效益。四川豆坝发电厂两台十万机组锅炉水冷壁管使用我厂的渗铝钢后，一年减少检修时间 68 天，节约钢材 10.2 吨，多发电 31008 万度，直接经济效益 1830 万元。现国内使用渗铝钢的电厂超过 20 个,总装机容量大于 200 万千瓦,直接经济效益超过 3 亿元。化工方面,成都化工三厂加热器用渗铝钢管代替低碳钢管,寿命提高数倍。由于渗铝钢在高温硫、硫化氢、五氧化二钒、氨水、熔盐等介质中使用,寿命比碳素钢高一倍以上,其使用效果和社会效益是相当显著的。

该成果应用于生产中,已为电力部门和炼油系统加工了 ϕ19~60 mm、长度 8 m 以下的钢管 400 余吨,我厂直接经济效益 80 万元,新增利税 20 万元;为化工部门生产碳化塔水箱 60 吨以上,直接经济效益 20 万元。特别是《钢铁热浸铝工艺及质量检验》标准试用于我厂生产和检验工作后,铝锭的消耗从每吨钢耗铝 100 kg 下降为 60~80 kg,节约的资金十分可观,并进一步提高了产品的合格率。现我厂所有渗铝产品的出厂检验及用户的质量验收都使用 ZB J36 011《钢铁热浸铝工艺及质量检验》,为我厂的渗铝钢生产和技术进步以及产品质量的提高起到了重要作用,获得了较高的经济效益。

重庆市大足县渗铝厂

1991 年 12 月 19 日

案例 6

热浸镀铝钢材具有耐高温和抗硫化氢等介质腐蚀的性能,因此,热浸镀铝钢材广泛应用于石油、化工及国防工业各领域。我们通过运用机电部 ZB J36 011—89 标准对我们生产的热浸铝制品进行了检验,产品质量可靠,赢得了用户信任。目前已采用该标准检验了近 40 吨的热浸铝产品,完全符合用户要求,说明该标准无论从理论上,还是从实践上都具有较强的适用性,这是我国目前最完整的热浸镀铝质量标准。

我们生产的产品主要有各类型钢以及螺旋翅片管、钢窗等,其中螺旋翅片管已与用户依据 ZB J36 011 标准签订了年产 700 吨的热浸铝合同,可创产值达 140 万元,经济效益显著。

黑龙江省机械研究所

1991 年 12 月 20 日

案例 7

钢铁热浸铝后具有耐热、耐腐蚀的特点,在国际上被誉为"高效钢材",因而该"渗铝钢"广泛应用于石油、化工、水利、交通及国防工业各领域。

我国近年逐步开始进行热浸铝技术的研究与开发,在广州、北京、沈阳、黑龙江等地也相继建立了热浸铝工厂,对我国的热浸铝技术的开发应用起到了促进作用。我所是 1988 年开始进行热浸铝技术研究的,并建立了年产 1000 吨的热浸铝厂。在生产中以 ZB J36 011—89《热浸铝工艺及质量检验》为依据,对镀铝产品进行了检验,并得到了用户许可。目前,我所的主要产品有浸铝翅片管、浸铝散热器以及干燥设备用各种型材等。从生产至今,已浸镀了近百吨产品,质量符合 ZB J36 011—89 标准的要求,经济效益显著。这也表明该标准的制定,对热浸铝产品的生产具有指导作用,适用性强。

黑龙江省机械研究所

1992 年 3 月 10 日

附录 5
LT 硫氮碳共渗层的组织性能与工艺特点

【提要】本文介绍了 LT 无污染硫氮碳共渗工艺处理的硫氮碳共渗层的组织性能、工艺特点及应用效果。该工艺强化效果稳定、应用面广,是一种大有发展前途的新工艺。[29]

LT 硫氮碳共渗是我国近年来开发的一种低温盐浴化学热处理新工艺,盐浴成分稳定且易于控制调整,强化效果优良,不污染环境,应用日趋广泛。

将工件置于 580 ℃ 以下的低温盐浴中,保温一定时间,即可使零件表面获得硫氮碳共渗层。实践证明,共渗层具有良好的减摩耐磨性能,是一种提高摩擦磨损件使用寿命的有效途径。

渗 层 组 织

LT 硫氮碳共渗的特点是通过一道工序使硫、氮、碳向金属基体扩散。渗层按金相特征(附图 5.1)大致可分为四层:

① 表面黑色的富硫层;

② 白亮的化合物层(以 ε 相为主);

③ 氮化物与碳化物共析扩散层;

④ 氮在 α-Fe 中的固溶强化层(多数钢种的固溶强化层组织形态不明显,层厚可用显微硬度法测量)。

由于在共渗温度(<600 ℃)下,氮在钢中的扩散量是碳的三倍以上,在化合物层形成以含碳(亦含少量硫)氮化物为基体的相。碳素钢和普通低合金钢中以 ε 相(Fe_3N)为主。

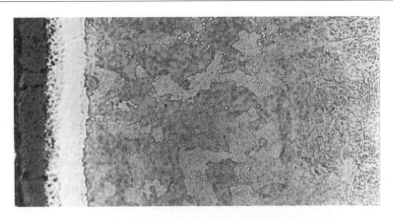

附图 5.1　40Cr 钢 LT 硫氮碳共渗层组织（400×）

　　化合物层硬度受合金元素以及基体组织状态与硬度的影响较大。如在同一工艺条件下（560 ℃,LT 处理 3 h）,45 钢化合物层硬度为 400～500HV,基体经过调质处理后,化合物层硬度可提高到 650～700HV;又如,40Cr 钢原材与 45 钢原材相比,合金元素增加了 1％;化合物层硬度由 420HV 增加到 626HV。

　　在扩散层中,主要析出相为 $\gamma'(Fe_4N)$,如 45 钢铁素体相区的 γ' 相呈灰色针状,珠光体相区由于氮、碳元素的渗入,色泽较基体组织灰暗,分布其间的针状 γ' 相清晰可辨（附图 5.2）。

附图 5.2　45 钢 LT 硫氮碳共渗层组织（400×）

富硫层附于外表面,其厚度通常为 $3 \sim 10~\mu m$,此层硬度较低,层间往往多孔隙,孔隙的形成一般认为是氧渗入的缘故。富硫层具有自润滑及减摩作用,必要时可通过调整盐浴成分对层厚加以控制。富硫层硬度较低,在公差配合尺寸超差时,可通过机械抛磨方法去除。附图 5.3 是磨去表面富硫层的 35CrMo 钢 LT 硫氮碳共渗层组织,化合物层致密区占比 75%~80%。

附图 5.3　调质 35CrMo 钢 LT 硫氮碳共渗层组织(400×)

38CrMoAl 钢的 LT 硫氮碳共渗层组织形貌(附图 5.4)大体与气体渗碳组织相似。不同点之一在于 ε 相层外缘可见色泽较深的 FeS 富集层。该材料经过 LT 硫氮碳共渗处理(560 ℃,3 h)后,ε 相层厚 $10 \sim 15~\mu m$,共渗层总厚度一般为 $150 \sim 250~\mu m$。

调质 3Cr13 钢 LT 硫氮碳共渗处理(560 ℃,4 h)后得到一种中间夹有白色条带的灰色化合物层(附图 5.5),此层厚约 $50~\mu m$,硬度较高,白色条带外侧硬度 673~707HV,内侧硬度 946~1064HV。其后是深灰色的共析扩散层及固溶强化区。

铸铁 LT 硫氮碳共渗层组织与钢最大的不同点是石墨分布不匀导致化合物层厚度不均;因为磷硫杂质元素的影响,化合物层组织及色泽均匀程度与钢相比差异较大。

石墨基本不受共渗作用的影响,氮原子沿石墨晶界扩散,对石

附图 5.4　38CrMoAl 钢 LT 硫氮碳共渗层组织（400×）

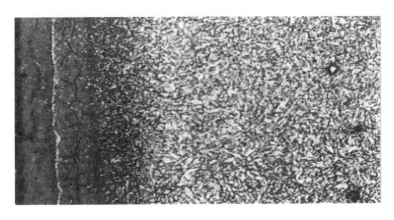

附图 5.5　调质 3Cr13 钢 LT 硫氮碳共渗层组织（400×）

墨基体形成白色的包围圈。渗层中富氮程度、扩散深度与铸铁的化学成分、晶体结构以及石墨形态有关。

　　由于基体碳含量较高，碳元素向基体扩散在组织形态上表现不明显。

　　附图 5.6 是 HT 250 灰铸铁 LT 硫氮碳共渗层组织。

附图 5.6　HT 250 灰铸铁 LT 硫氮碳共渗层组织（400×）

工艺特点与应用实例

LT 硫氮碳共渗工艺流程简述如下：

除锈→除油→预热（或干燥）→LT 硫氮碳共渗（盐浴温度520～580 ℃，10～180 min）→热水清洗→流水清洗→浸油→检验→入库。共渗处理时间范围较宽，因处理件材质不同、渗层厚度要求不同而不同。

该工艺易于采用机械化、自动化生产线作业，亦可利用一般热处理设备简易投产，将盐浴坩埚放入普通井式炉中加热即可满足工艺条件。

LT 硫氮碳共渗的主要工作原理是利用"J-1"专用盐为工件提供活性硫、氮、碳元素，"Z-1"专用盐为陈化的"J-1"盐浴调整成分，恢复活性。

在生产过程中，盐浴中的氰酸根（CNO^-）含量可根据处理材料类型以及熔盐与工件表面作用面积加以调整。"Z-1"再生盐具有调整盐浴成分（主要指 CNO^- 含量）的速效性，5 min 左右即可达到预定值，操作简便，易于控制其渗层质量。

在生产过程中，还可通过连续导入空气和适量添加硫化物的方法降低盐浴中氰根（CN^-）含量。

由于该工艺不采用氰化物作原料,熔盐过程中产生的气体和经过处理(简易化学中和处理)后的废水符合国家允许的排放标准,对环境无污染。

该工艺将渗硫与氮碳共渗有效地结合在一起,处理后得到的共渗层兼有渗硫工艺所具有的减摩、抗咬死性能和氮碳共渗工艺所具有的表面硬化、耐磨性能,具有广泛的应用前景。

LT 硫氮碳共渗处理件变形量小、规律性强,对于形状复杂、不承受冲击载荷的摩擦磨损件来说,是一种理想的表面强化工艺。

与其他氮化工艺一样,在 LT 硫氮碳共渗过程中,零件的几何尺寸略有增加,产生"胀粗和伸长现象"。这种"胀粗和伸长现象"与处理材料的组织状态、化学成分(主要指氮碳化合物形成元素的多少)有关。从附表 5.1 中可以看出,零件尺寸变化有规律可循,可采取预留表面胀粗量,在 LT 硫氮碳共渗处理作为零件加工的最终工序时控制尺寸精度。

附表 5.1　各类零件 LT 硫氮碳共渗处理前后尺寸变化情况

零件名称	材料状态	LT 处理工艺参数	测量部位	尺寸变化		变动范围(表面胀大尺寸/mm)
				处理前	处理后	
链轮	45 钢原材	550 ℃,3 h	轮孔	$\phi20^{+0.02}$	$\phi20$	0.010
				$\phi30$	$\phi30^{-0.025}$	0.0125
				$\phi30^{+0.01}$	$\phi30^{-0.015}$	0.0125
曲轴	45 钢正火	560 ℃,3 h	曲拐	$\phi110^{-0.070}_{-0.075}$	$\phi110^{-0.050}_{-0.045}$	0.010～0.015
				$\phi110^{-0.040}_{-0.040}$	$\phi110^{-0.030}_{-0.040}$	0.005
活塞杆	40Cr 调质	560 ℃,3 h	杆体	$\phi45^{-0.020}_{-0.020}$	$\phi45^{-0.001}_{-0.005}$	0.0075～0.0085
				$\phi45^{-0.035}_{-0.035}$	$\phi45^{-0.015}_{-0.015}$	0.010
				$\phi45^{-0.040}_{-0.035}$	$\phi45^{-0.020}_{-0.015}$	0.010
透平轴	3Cr13 调质	560 ℃,4 h	轴承位	$\phi25^{-0.020}_{-0.029}$	$\phi25^{+0.010}_{-0.015}$	0.015～0.020

LT 硫氮碳共渗在生产实际应用中效果良好,经济效益十分明显。

例如,45 钢材质的导向滚筒,经过 LT 硫氮碳共渗处理(560 ℃, 3 h)后,其磨损速率由 0.996 mm/h 降至 0.0017 mm/h。单件使用寿命提高 60 倍。

例如,45 钢铣刀轴,原采用高频淬火表面硬化工艺,改用 LT 硫氮碳共渗处理后,简化了加工工序,降低了成本,使用 4 个月后,表面磨损量在 0.001~0.005 mm 之间。

例如,采用 LT 硫氮碳共渗处理的 L3.3-17/320 氮氢气压缩机 45 钢曲轴装机运行 650 h 后,曲拐等主要部位表面基本无磨损。

结　　语

1. LT 硫氮碳共渗层可根据金相特征分为 4 层:①黑色的富硫层;②白亮的化合物层;③氮化物与碳化物共析扩散层;④氮在 α-Fe 中的固溶强化层。

2. 钢中的合金元素以及基体组织状态与硬度对硫氮碳共渗化合物层硬度有较大影响。

3. 硫、氮、碳的渗入,不改变铸铁中的石墨形态,氮原子沿石墨晶界扩散,在石墨周围形成白色的包围圈。

4. LT 硫氮碳共渗处理具有尺寸变形量较小、规律性强、表面强化效果优良、经济效益明显等特点。

附注:该文为热浸镀铝设备关联文章。原文:赵晓勇《LT 硫氮碳共渗层的组织性能与工艺特点》,1987 年度中国热处理学会低温化学热处理学术讨论会论文,发表于《新技术新工艺》1988 年第 1 期,国家机械委新技术新工艺杂志社。

附录 6
环氧胶与填料

【提要】 本文主要通过环氧胶中加入填料的方法,根据填料粒子在环氧胶中的分布形态及行为探讨了填料对环氧胶性能的影响。研究了"填料在环氧胶中的功用""填料的选用原则与目的""填料与稀释剂、固化剂用量之间的关系"等问题,实验证明,加入适当且适量的填料能有效地改善环氧胶的机械性能,提高固化物的软化变形起始温度和化学稳定性。[11,30]

环氧胶具有优良的粘合力和化学稳定性,应用广泛。但是它有两个弱点:一是环氧胶本身存在脆性;二是与其他胶黏剂相比,成本相对较高。

为了克服这两个弱点,人们考虑到添加增塑剂、增韧剂或选用不同的固化剂来改善环氧胶性能,以适应其物理和化学性能差异较大的各种材料的粘接要求;并在满足粘接性能的前提下,通过添加填料降低环氧胶的用量。

为了提高粘接强度,还可在机械结合方面想些办法,比如套接、槽接、合理的配合间隙等都是行之有效的,而环氧胶中加入填料则功效明显,已引起广泛关注。

可加入环氧胶中的填料有很多,常用的有金属氧化物类(氧化铬、氧化铝、氧化铁、氧化钛、氧化镁等)、金属粉末类(铁粉、铜粉、铝粉等)、非金属粉末类(石棉粉、石墨粉、石英粉、辉绿岩粉、云母粉、塑料粉、胶木粉、瓷粉、水泥粉)以及树脂添加剂等。

本文主要阐述在环氧胶基本组分(环氧树脂、二丁酯、乙二胺)不变的条件下,通过加入不同填料改善环氧胶的粘接性能及其应用效果。

一、填料在环氧胶中的功用

1. 填料的加入对环氧胶机械性能的影响

环氧胶的机械性能主要包括两个方面,即聚合物本身的机械强度和对粘接材料的粘接强度。从大量的粘接件破坏实例来看,环氧胶的粘接强度大于聚合物本身的机械强度,受外力作用时,失效与破坏多半起始于胶层内部,而不是在粘接剂与粘接材料的结合面。

环氧胶粘接性能良好主要是因为它对粘接材料的润湿性好,粘附力强;环氧胶层内部机械强度较低主要是因为其聚合物本身存在脆性。因此,为了提高环氧胶的综合机械性能,要降低胶层内部脆性。加入增塑剂是一种有效方法,但是加入量是有限的,过多会影响环氧胶的固化速度,甚至不能固化,达不到粘接目的。加入合适的填料,则可有效地改善环氧胶的机械性能,最主要的是提高剪切强度和压缩屈服强度。

附表 6.1 和附表 6.2 是在环氧胶基本组分(环氧树脂 100 份+二丁酯 20 份+乙二胺 6.5 份)中加入 20%(质量百分含量)的不同填料所测得的粘接强度。

附表 6.1　环氧胶中加入不同种类填料后测得的粘接强度

填　　料	剪切强度[a]/(kg/cm²)	剪切强度[b]/(kg/cm²)
无填料	230.4	233.3
氧化锰	291.3	253.2
羧甲基纤维素	277.1	240.3
氧化铝	272.5	278.9
氧化钛	267.8	237.7

填　　料	剪切强度a/(kg/cm²)	剪切强度b/(kg/cm²)
耐酸水泥	263.6	259.8
氧化铬	262.7	291.7
氧化铜	254.0	280.5
氧化硅	244.8	249.8
氧化铁(Fe_2O_3)	244.1	236.4
氧化镁	241.0	235.4

注:a.固化条件为 10 ℃放置 3 天,90～100 ℃加热 3 h;粘接材料为铸铁-铸铁;粘接间
　　隙为 0.15～0.25 mm;试验温度为 9～10 ℃。

　　b. 10 ℃放置 2 天,其余条件同 a。

附表 6.2　环氧胶中加入不同剂量的填料后测得的压缩屈服强度

填料加入量/%	填料种类	压缩屈服强度/(kg/cm²)
0		53.0
20		67
40	氧化铝	55.8
80		64.2
100		57.8

注:固化条件为 18 ℃放置 3 天;屈服强度为 5 组试样的平均值。

　　从附表 6.2 中可以看出,加入适量的填料后,压缩屈服强度得到一定程度的提高。

　　由于环氧胶具有脆性,我们把环氧胶看作玻璃相,把分布其中的弥散的填料粒子看作强化相,这些金属或金属氧化物的细小粒子,因为其机械强度高于聚合物而提高了外力作用下的变形抗力,还改善了环氧胶聚合物本身所存在的脆性,对其起到了强化作用。

　　值得注意的是,加入的填料粒子不宜过大,粘接强度要求较高的最好选用 100～200 目的细小颗粒,加入后充分搅拌,使填料粒子在环氧胶中分布均匀,并使每颗填料粒子都能够得到良好润湿,见附图 6.1(a)。若填料粒子分布不均,堆积成团,未被胶液润湿的粒子处于胶层内部或胶层与粘接材料的结合面,则粘接面积减小,导致粘接强度下降,见图 6.1(b)。

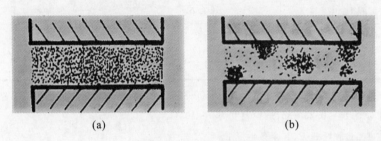

(a)　　　　　　　　　　　　(b)

附图 6.1　填料粒子在环氧胶层的分布示意图
(a) 均匀分布;(b) 不均匀分布

　　为了克服这类弊病,可在粘接材料表面先涂刷一层未加填料的胶液,充分润湿表面,再加入填料,搅拌均匀后第二次施胶,贴合后施加 0.5～1 kg/cm^2 压力,可获得理想的粘接效果。填料粒子(Al_2O_3)在环氧胶层中的分布情况见图 6.2。

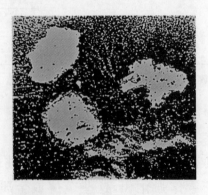

附图 6.2　填料粒子(Al_2O_3)在环氧胶层中的分布显微形态(400×)

　　湖北云梦化工机械厂采用胶接与螺接相结合的办法,大面积修复粘补 3W-4B 高压机机座(铸铁件,重约 1 t)曲轴箱底部漏洞。在缺陷部位加工 $\phi 30 \times 40$ 螺孔 16 个,分别配上螺丝,螺孔与螺丝间隙为 0.1~0.2 mm,施胶后拧紧螺丝,整平 。固化 3 天后,浸油试验 8 h 无渗漏,装车试样合格,五年多来使用情况良好。

　　由于加有填料的环氧胶层增大了螺栓螺孔间的滑移变形抗力和相对位移阻力,进一步提高了螺接效率和密封效率。粘补铸铁件用环氧胶与填料配方见附表 6.3。

附表 6.3　粘补铸铁件用环氧胶与填料配方

组　　分	质　量　比
环氧树脂	100 份
二丁酯	20 份
乙二胺	6.5 份
还原铁粉(200 目)	10 份
氧化铬粉(200 目)	10 份

　　又如,修复泄漏的自来水管,漏洞处喷出水柱两米多远,而漏洞只有针眼大小,水管又垂直于地面,两头固定在墙壁之中,不便撤换,涂胶又易流失,难以渗入漏洞,给粘接修复带来困难。采取粘接方案:环氧胶中加入 20% 氧化铝粉,加纱布衬层,固化后形成一个环氧胶密封套管。氧化铝填料及纱布衬层有利于固化前的胶液保持,固化后密封套管强度增加,粘补效果良好。

　　试验表明:

　　① 大多数无机填料和有机填料能改变环氧胶脆性,提高胶层变形抗力;

　　② 石墨粉、石英粉、滑石粉、氧化铬粉、氧化铝粉、氧化硅粉等可提高环氧胶固化物耐磨性能;

③ 氧化铝粉、氧化硅粉、铁粉、陶瓷粉可增加环氧胶层硬度；

④ 水泥、氧化铝粉、铁粉、石英粉、氧化锰粉可提高环氧胶层抗压强度；

⑤ 石棉粉、玻璃纤维、羧甲基纤维素粉等可增加环氧胶层剥离强度。

2. 填料的加入对环氧胶化学稳定性的影响

环氧胶优良的耐化学品腐蚀的性能亦是其得到广泛应用的原因之一。环氧胶耐水、耐一般酸碱及有机溶剂的侵蚀，但是这种性能随着腐蚀环境温度的升高而降低。例如，环氧胶固化物同样在 50%（质量百分含量）的硫酸中浸泡，液温 20～60 ℃时，6 个月保持稳定；100 ℃时，10 天则完全溶解。在苯中，液温 20 ℃时，6 个月保持稳定；液温 60～80 ℃时，4 天则完全破坏。通过加入化学稳定性较好的填料，可提高环氧胶固化物的软化起始温度及耐化学品腐蚀性能。

可提高环氧胶固化物软化变形起始温度的填料有 Cr_2O_3、Al_2O_3、MgO、SiO_2、Mn_3O_4、Fe_2O_3、Fe_3O_4、ZrO_2、TiO_2、CaO 等 Me_mO_n 型金属氧化物及其金属粉末。

例如，在环氧胶中加入 15%～20% 的 Al_2O_3 粉或 Cr_2O_3 粉，可把环氧胶固化物的软化起始温度从 100 ℃提高到 130 ℃左右。

附图 6.3 是环氧胶中加入填料镶嵌成型的热浸镀铝层表面保护金相试样，先经过 3% 的硝酸酒精＋1% 的氢氟酸侵蚀，再经过 130 ℃左右的热风烘吹，环氧胶固化物未发生软化现象。由于 Al_2O_3 粉和 Cr_2O_3 粉本身是抛光剂，因此在金相制样过程中，提高了抛光和洁净干燥速度；又由于环氧胶具有粘接力强、润湿性好、配制方便、室温固化等优点，对于任何形状复杂的试样都可采取集体镶嵌，大大提高了金相制样工作效率，并有利于保证工作质量。

湖北云梦化工机械厂渗铝车间酸洗槽（装浓盐酸）和钝化槽（装铬酸等），槽内面积约 26 m²。在槽内壁做环氧胶衬层，选用材料为

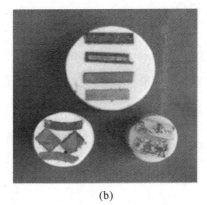

（a）　　　　　　　　　　　　（b）

附图 6.3　环氧胶中加入填料镶嵌热浸镀铝层表面保护金相试样

（a）环氧胶＋氧化铬、氧化铝混合粉镶嵌试样；（b）环氧胶＋氧化铝粉镶嵌试样

环氧胶基本组分中加入适量酚醛树脂，以辉绿岩粉为填料。环氧胶涂层中夹一层纱布和两层玻璃布。固化物坚韧，铁锤重击时有锤印而不破裂，能经受大工件碰撞冲击，使用三年多后，胶层无裂纹，无脱层、脱壳现象，耐腐蚀性能优良。

3. 填料的加入对环氧胶润湿能力的影响

作为一种粘接剂，对粘接材料具有良好的润湿能力，以获得紧密的结合界面，是保证粘接性能的必要条件。填料的吸湿性能与加入量是影响粘接剂润湿能力的重要因素。经过试验，加入少量（质量百分含量为 $1\%\sim5\%$）的金属氧化物如 Al_2O_3、TiO_2 等，以及部分金属粉末，如铁粉、铜粉等，有利于改善环氧胶的润湿能力。这些吸湿性较弱的填料粒子加入环氧胶中后可降低胶液黏度，增加胶液流动性。而吸湿性较强的氧化镁、硅酸盐水泥等则使得环氧胶润湿能力降低。

环氧胶润湿能力还与环氧胶配制的成分、温度，粘接材料的化学成分、表面状态等因素有关。润湿能力与胶液黏度成反比。

环氧胶的润湿能力可通过测定润湿边角的大小来评定。试验方法：将粘接剂配制好后，放入容器，测定粘接剂与粘接表面的接触角的角度。

附图 6.4(a)和附图 6.4(b)分别是环氧胶中加入 5％ 和 200％
(质量百分含量)的铁粉后测得的对碳素钢管轧制表面的润湿边角
示意图。前者 $\theta=32°<90°$,润湿良好;后者 $\theta=130°(>90°)$,润湿
不良。

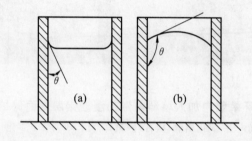

**附图 6.4　环氧胶中加入不同量的铁粉后测得
的对铁基金属的润湿边角示意图**
(a)环氧胶＋5％铁粉,$\theta=32°$;(b) 环氧胶＋200％铁粉,$\theta=130°$

还有一种试验方法,将配制好的环氧胶液滴在粘接材料表面,
如附图 6.5,用投影的方法测出润湿边角 θ。也可通过相同体积的
环氧胶液滴的高度(H)大致判断胶液的润湿能力,H 值越大,润湿
能力越差,H 值越小,润湿能力越好。

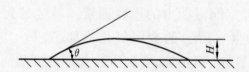

附图 6.5　环氧胶液滴对粘接材料润湿能力示意图

二、填料的选用原则与目的

由于环氧胶粘接性能优良,几乎对所有材料都具有粘接作用,
因此,可以加入环氧胶中而不使其失去粘接作用的填料品种繁多,
性能各异,从金属到非金属,从无机物到有机物,从导体材料到绝缘
体材料。加入适当且适量的填料后,环氧胶性能得到改善,可扩大

粘接应用范围和提高粘接质量。

1. 填料的加入,目的在于改善粘接接头与粘接材料表面物理、化学性能的差异

例如,机床导轨镶嵌粘接,结合材料有铸铁与铸铁、铸铁与胶木、铸铁与塑料等,用不加填料的环氧胶粘接,有时出现松脱现象。后来分别添加铸铁粉、铸铁胶木混合粉、铸铁塑料混合粉或氧化铝粉等填料,粘接效果较好。粘接后,在平面加工过程中,受刨削冲击也未发生松脱现象,使用寿命延长。

究其原因,填料的加入降低了环氧胶层与两边粘接材料三者之间存在的界面表面张力以及长期使用过程中由于导热性能不同造成的冷热变形率,提高了结合强度。

此外,对粘接表面进行粗糙处理,增大粘接面积,提高结合面相对变形抗力,可进一步提高粘接强度。

加入填料,应考虑粘接接头的受力状态、工作环境、粘接表面物理、化学性能以及对粘接力的影响等因素。一般情况下,对相同材料的粘接,选用其自身粉末或与结合材料成分性能相近的填料;对两种成分和性能不同的材料的粘接,选用具有折中性能的填料或选用其混合粉末。

试验表明:

① 加入氧化硅粉、辉绿岩粉等可提高环氧胶的耐酸性能;

② 加入氧化铝、氧化硅、氧化镁、酚醛树脂等可提高环氧胶的化学稳定性;

③ 加入硅酸盐水泥可提高环氧胶的凝固能力,但胶液润湿能力显著下降。

2. 填料的加入,应以保证所要求的粘接性能为前提,减少环氧胶用量,节约成本

一般情况下,对加入环氧胶中的填料的品质要求不高。除了特殊用途,如导电环氧胶中加入银粉或铜粉之外,一般采用工业纯级

别或只要保证能够被环氧胶液润湿的普通洁净粒子即可（其粒度根据不同需求选定），其成本只有环氧胶的几分之一、几十分之一，甚至几百分之一。

例如，支撑行车电源导轨的两端绝缘瓷瓶，由于在高空、振动条件下工作，需要把支撑螺丝与瓷瓶牢固粘合。用水玻璃等其他材料粘接，使用寿命很短且更换频繁。采用环氧胶中加入 1.5 倍质量的普通水泥和砂粒，减少了环氧胶用量，降低了成本和胶层脆性，粘接效果较好，使用五年来未出现松脱现象。

3. 填料的加入可改变环氧胶颜色，使其与粘接材料色调一致

加入白色的氧化硅、氧化铝、氧化钛，粘接接头呈现白色；粘接黑色金属，可选用铁粉、石墨粉等；粘接有色金属可用铝粉、铜粉等配色，还有绿色的 Cr_2O_3、红色的 Fe_2O_3 等都可以作为配色填料。

4. 填料一般选在环氧胶基本组分已配制好，且稀释剂加入之后再加入

在环氧胶基本组分已配制且稀释剂加入之后再加入填料，有利于适当调节胶液的黏度，有利于保障其润湿能力和粘接效果。

5. 加入的填料必须洁净、干燥，避免游离水

游离水影响胶液均匀凝固，从而影响粘接面胶液与粘接材料的结合质量，必须避免。

三、填料与稀释剂、固化剂用量之间的关系

环氧胶的润湿能力随着填料加入量的增加而降低，当所加入的填料超过树脂质量的一倍以上时，则不得不考虑加入稀释剂。这时，稀释剂用量成为影响填料加入量的重要因素。

可加入环氧胶中的稀释剂分为活性稀释剂与惰性稀释剂两大类。由于某些稀释剂具有毒性（如环氧乙基苯、环氧氯丙烷、环氧丙烷甲基醚等），且加入量在 20% 以下（过多对性能有影响），应用不普遍；惰性稀释剂以酒精、丙酮、二甲苯应用较多，这类稀释剂本身不参与反应，在其充分挥发后，才能使环氧胶固化。

加入适当且适量的稀释剂,以增加填料用量,降低成本,还可降低环氧胶液黏度,便于涂敷。

添加稀释剂时,为了使胶液可靠固化,应适当增加固化剂用量。

当所加入的增塑剂、增韧剂、稀释剂之和大于环氧树脂质量时,固化剂用量可按下式计算:

$$固化剂用量 = \frac{胺类固化剂分子量}{含活泼氢个数} \times 环氧值 \times K$$

$$K = \frac{增塑剂 + 增韧剂 + 稀释剂质量}{环氧树脂质量}$$

环氧胶中添加剂质量一般应不超过树脂用量的 2 倍,即 $K \leqslant 2$。过多,则使固化时间延长,甚至使胶液不能固化。

环氧胶中加入填料以及在其他各种粘接剂中加入填料,能够改善粘接剂的性能,进一步提高粘接力,并使其固化物成为能适应多种环境,具有优良性能的复合材料。该问题是一个重要课题,有待进一步研究。

附注:该文为热浸镀铝前处理设备防护及产品金相检验技术关联文章。原文:赵晓勇《环氧胶与填料》全国首届环氧树脂学术年会论文,1986 年 3 月;压缩稿《充填环氧胶的性能与应用》发表在《粘接》1986 年第 3 期。

参 考 文 献

[1] 武汉材料保护研究所,上海材料研究所. 钢铁化学热处理金相图谱[M]. 2版.北京:机械工业出版社,1985:70-79.

[2] [英]Samuel R L. 渗金属的原理及其概况. 石声泰,译. 金属材料与热处理译丛,化学热处理第2卷[J]. 上海:上海市科学技术编译馆,1966(2): 75-81.

[3] 大连工学院. 金属学及热处理[M]. 北京:科学出版社,1975:20-23, 84-96.

[4] GB/T 18592.金属覆盖层 钢铁制品热浸镀铝 技术条件[S].北京:中国标准出版社,2004.

[5] ASTM A 676 Standard Specification for Hot-Dipped Aluminum Coating on Ferrous Articles.

[6] JIS H 8642 Aluminum Coatings (Hot-Dipped) on Iron or Steel.

[7] GB/T 1196.重熔用铝锭[S].北京:中国标准出版社,2017.

[8] 赵晓勇. 金属覆盖层 钢铁制品热浸镀铝 技术条件标准应用说明[M]// 全国标准化热处理技术委员会.金属材料及热处理标准应用手册. 北京: 机械工业出版社,2016:342-365.

[9] ASTM A 428 Standard Test Method for Weight of Coating on Aluminum Coated Iron or Steel Articles.

[10] JB/T 5069.钢铁零件渗金属层金相检验方法[S].北京:机械工业出版社,2007.

[11] 赵晓勇. 充填环氧胶的性能与应用[J]. 粘接,1986(3):37-41.

[12] GB/T 6462.金属和氧化物覆盖层 厚度测量 显微镜法[S].北京:中国标准出版社,2005.

[13] GB/T 4956.磁性基体上非磁性覆盖层 覆盖层厚度测量 磁性法[S].北京:中国标准出版社,2005.

[14] GB/T 228.金属材料 拉伸试验 第1部分:室温试验方法[S].北京:中国标准出版社,2010.

[15] GB/T 9790.金属覆盖层及其他有关覆盖层维氏和努氏显微硬度试验

[S].北京:中国标准出版社,1988.

[16] 湖北云梦化工机械厂.钢铁热浸镀铝试验研究报告[R].1979.

[17] BERAHA E,SHPIGLER B. 彩色金相[M].林慧国,译. 北京:冶金工业出版社,1984.

[18] 李瑞菊.钢铁零件渗金属层金相检验方法标准应用说明[M]//全国标准化热处理技术委员会.金属材料及热处理标准应用手册. 北京:机械工业出版社,2016:751-763.

[19] 赵晓勇.渗铝容器的失效与防护[J].材料保护,1986(4):44-47.

[20] 李忠杨,朱斌. 钢的渗铝[M].北京:机械工业出版社,1985:3-8.

[21] 张代东,吴润.材料科学基础[M].北京:北京大学出版社,2012:242-264.

[22] 赵晓勇.渗铝钢焊接接头的组织特征与机械性能[J].焊接.1986(7):20-23.

[23] 吴诚德,钱锤喜.渗铝钢在高压液态炉上使用经验[J].热力发电.1975(5):31-37.

[24] 闫春波,王丽萍,杨丽,等.锅炉水冷壁管爆裂原因分析及预防措施[R/OL]. 中 氮 肥, 1997 (3). http://www. cnki. com. cn/Article/CJFDTotal-ZDFE199703018. htm.

[25] 李瑞菊,赵晓勇.浸渗铝钢管的高温失效[C]//全国机械系统第二届金相缺陷分析评比交流大会获奖论文.昆明,1986.

[26] 湖北云梦化工机械厂.300—500 吨/年热浸铝中试车间试车生产技术报告[R].1982.

[27] [英]DOVEY D M,WALUSKI A. 钢的连续渗铝.金属材料与热处理译丛,化学热处理第 2 卷[M].范彩珍,译.上海:上海市科学技术编译馆,1966:136-141.

[28] 杨继林,石予丰,李鼎义,等.渗铝钢的高温失效[J].材料保护,1989(4):46-49.

[29] 赵晓勇.LT硫氮碳共渗层的组织性能与工艺特点[J].新技术新工艺,1988(1):5-7.

[30] 赵晓勇.环氧胶与填料[C]//全国第一届环氧树脂学术年会论文集.1986.

[31] ELISABET LEISTNER, et al. Alitised surfaces/Ask Ingborg Liebl. Structure7. Struers Metallographic News/ December 1983.

[32] JIS H8672 [S/OL]. Methods of test for hot dip aluminized coatings on ferrous products. http://www. kikakurui. com/h8/H8672-1995-01. html.

[33] GB/T 7232. 金属热处理工艺　术语[S]. 北京：中国标准出版社，2012.

[34] JB/T 7709. 渗硼层显微组织、硬度及层深检测方法[S]. 北京：机械工业出版社，1987.

[35] 全国热处理标准化技术委员会. 金属热处理标准应用手册[M]. 3 版. 北京：机械工业出版社，2016.

[36] 上海科学技术出版社组织出版. 金属材料缺陷图谱[M]. 上海：上海人民出版社，1975.

[37] 上海材料研究所，上海工具厂. 工具钢金相图谱[M]. 北京：机械工业出版社，1979.

[38] 南京汽车制造厂，南京红卫机械厂，南京航空学院，江苏省机械研究所. 金属材料金相图谱[M]. 南京：江苏科学技术出版社，1979.

[39] 上海树脂厂. 环氧树脂[M]. 上海：上海人民出版社，1971：93-117.

[40] 上海科技交流站粘接队. 粘接技术在机械工业中的应用[M]. 北京：机械工业出版社，1978：22-48.

[41] [苏]C.C.索采夫，A.T.图曼诺夫. 金属加热用保护涂层[M]. 陆索，北行，乐而伯，译. 北京：机械工业出版社，1979：7-41.

[42] 全国热处理标准化技术委员会. 中国机械工业标准汇编——金属热处理卷[M]. 北京：中国标准出版社，1998.

[43] 上海市科学技术编译馆. 金属材料与热处理译丛. 化学热处理(1)[M]. 上海：上海市科学技术编译馆，1965.

[44] 塞默德杰夫. 金属与金属的胶接[M]. 陶宏均，译. 北京：国防工业出版社，1975.

[45] 杨景真，王万祥，张名贵，等. 熔盐助镀法热浸渗铝的工艺研究[J]. 河北工业科技，1989 (1)：1-7.

[46] 何明奕，周亚平，角景明. 铸铁热浸镀铝技术国内外发展概述[J]. 河南电力，1989，17(A00)：79-81.

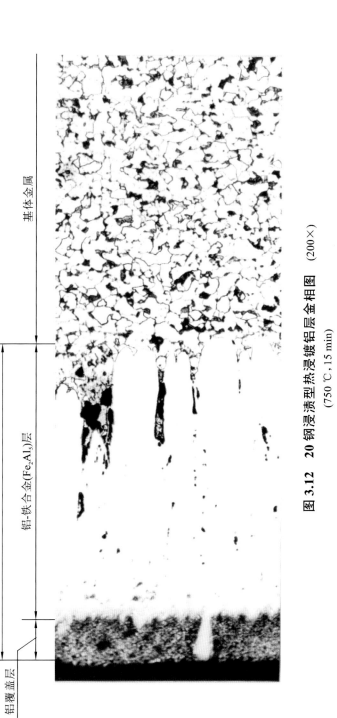

图 3.12　20 钢浸渍型热浸镀铝层金相图　(200×)

(750 ℃, 15 min)

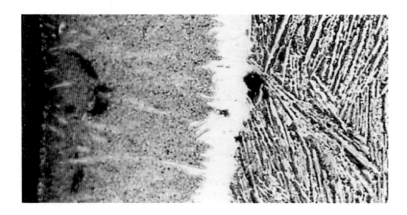

图 3.13　白口铸铁浸渍型热浸镀铝层表面铝覆盖层外表面氧化铝薄膜金相图(600×)

表面氧化铝薄膜显示为蓝色

(750 ℃,15 min)

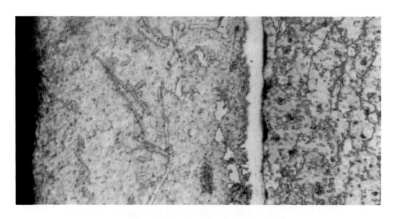

图 3.14　08F 钢浸渍型热浸镀铝-硅层金相图(800×)

(96%Al+4%Si,740 ℃,30 s)

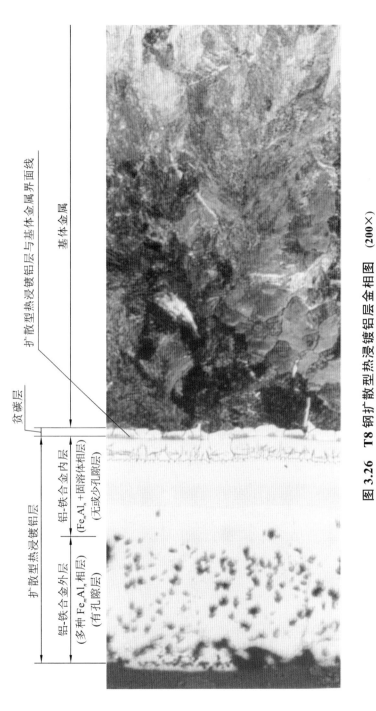

图 3.26　T8 钢扩散型热浸镀铝层金相图　(200×)

(750 ℃热浸镀铝15 min，900 ℃扩散5 h)

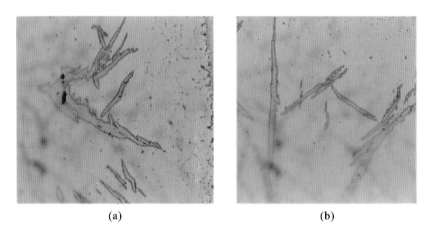

(a)   (b)

图 3.27　扩散型热浸镀铝层中的 β₁ 相（8000×）

β₁（Fe₃Al）相多呈针叶状,是典型的扩散型热浸镀铝层显微组织特征之一

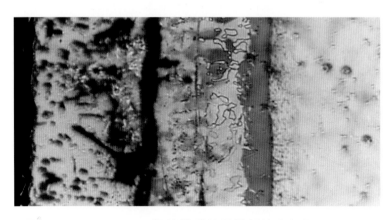

图 3.28　1Cr18Ni9Ti 钢扩散型热浸镀铝层金相图（1064×）

（750 ℃热浸镀铝 15 min,900 ℃扩散 5 h）